后山

父与子 人与自然 相约后山

张　鹏　张睿麟　著

中国林业出版社
China Forestry Publishing House

序

"自然就像一面镜子，让我们从中看到自己，看得久了，你会对这份生命产生感情，会发现共同生活在自然中，你和他们有着密切的联系。"

合上《后山》，几年前红隼分享过的这段话，又浮现了出来。

这些年来，我看到红隼为野鸟保护事业做出的种种努力，也目睹了他和小鱼在自然中共同的探索和成长。这对父子追寻自然的足迹遍布各处，而本书的主角——后山，正是他们旅程的起点，也是他们珍藏于心中的一面镜子。

在这本书中，不仅有一座充满乐趣和故事的小山，还可以看到人与自然的联系是如何一步步探索开来的。按照小鱼的说话风格就是：这真有趣！透过这本书，你会发现探索人与自然的联系，是可以向自然学习的，是可以借助书本知识的，更是可以代际传承的。一座后山，用一根岁月之绳，串起了几代人的自然味道——榆钱的味道，苦菜的味道，桑葚的味道，香椿的味道……。这些味道，又何尝不是生活的味道、亲情的味道？

红隼并不是一位多么特殊的家长，他有着自己的工作、自己的爱好、自己的家庭生活，如果说有一点点不同，那就是他的爱好深入而持久；

小鱼也是一个普通孩子，他有着自己的学业、自己的兴趣、自己的玩伴，如果说有一点点不同，那就是他比很多小朋友的玩伴更多一些——比如老爸，又比如各种昆虫、植物、蛙和鸟。

通读全书，每个小故事，都在描述自然野趣的同时，展现了父子成长过程中的细节和动力。不论孩子的身心，还是家庭关系，我们都希望能够不断成长。什么是真实的成长？小鱼在《变形记》最后写道：

从蝌蚪到青蛙，我原来认为它们的变化是那么的不可思议，但通过观察，我发现生命的成长不存在一蹴而就的飞跃，中间会经历许许多多渐变的过程。

从蝌蚪到青蛙的成长历程，是来自于后山的经验之谈，也是这本书价值观的一种映照。

如今，自然体验和自然教育逐渐进入主流教育视野。我们之所以要探索与自然的联系，或许是为了拓展知识边界，或许是为了提升学习和适应能力，或许只是出于单纯的兴趣和热爱。不论什么出发点，在探索的过程中，总有一些时刻，会让人在知识增长和视野开阔的同时，产生更大的公共理想或人生使命。就像红隼和小鱼的后山故事，那些埋在日常中的思考和理想，是这对父子送给读者最为宝贵和鲜活的礼物。

张伯驹

2021 年 4 月于北京

张伯驹，自然之友理事、月捐人、曾任联合国环境署（UNEP）青年顾问。

前言

后山，我家旁边一座再普通不过的小山包。

小时候，我们一家住在父亲单位的平房宿舍，记得门牌号是 30 排 4 号，一排排的房子就建在后山之上。山和家其实并没分开。翻过低矮的院墙，年少的我就会扑进后山的"荒蛮"。后山上，厚厚的落叶下面，藏着我的童年。

记得上小学的时候，后山上有一条通往学校的野路，高高低低，杂草丛生，却也因此充满了野趣。抓不完的蚂蚱，摘不完的酸枣，和小伙伴们追逐着互相扔着苍耳 …… 一路欢笑。长大一点，过盈的荷尔蒙让我变得焦躁，而寂静的后山总能让我重回平静。

而后，我离家求学、步入社会、结婚生子，后山也几番经营，物是人非。记忆中的后山，似乎渐渐离我远去。直到儿子小鱼的降生，让那座小山重回我的生活。当超级奶爸拉着蹒跚学步的小鱼重新走进后山，当小鱼俯下身体用稚嫩的小手抓起松塔端详，我发现，那座后山又回来了！

哦不，后山并未离开。是我，被儿子，又拉了回来。

于是，我被小鱼拉着，重回这里，重拾儿时的记忆，也一起去发现不一样的后山。摸爬滚打又十年过去了，我惊奇地发现小鱼也长大了，

　　我们竟然在后山一起发现了这么多有趣的故事。而环顾四周，竟然有那么多人对后山的美视而不见，对身边的自然毫不在意，甚至或有心或无意地伤害着自然。和小鱼一番商量，何不一起把后山上有趣的故事分享给更多的人，让更多的人去发现后山的奇妙，去爱上这里呢？或许，这样可以让更多的人爱上自然。

　　我和小鱼一拍即合，于是就有了您面前的这本《后山》。这本书是我和小鱼一起送给年轻的爸爸妈妈们以及他们可爱的孩子们的一份礼物。在这本书里，不会有晦涩难懂的知识，更没有长篇大论的道理，有的只是小鱼和我在不起眼的后山上与自然一次次的奇遇。我和小鱼将通过一个个妙趣横生的故事，一幅幅精美的图片和插画，带你重新发现身边充满野趣的自然，重拾对自然的好奇与向往，也一起思考人与自然的关系。

　　好吧，让我们走进后山，与自然来个奇妙约会吧。

2020 年 1 月于北京

目录

春早

喜鹊

抬头见喜

红隼 文

　　喜鹊，一种我们都十分熟悉，又非常"讨喜"的鸟。清晨，我们经常会听到它们喳喳的叫声。后山上，喜鹊更是统治阶级般存在的鸟类。无论在树林里、草坪上还是天空中，无处不见它们的身影。

喜鹊巢

　　我和小鱼一起数过，在后山上一共有大约 60 个喜鹊巢，经常是筑在高大杨树上，黑压压的一大丛。

　　想必里面至少是"三室两厅"极尽舒适富足。相比之下，怎不让蜗居在 60 平方米小屋中的我心生艳羡！也罢也罢，山不在高……记得我小时候，家里有一个搪瓷的洗脸盆，上面的图案就是一只喜鹊站在梅枝上的样子。我猜，这样的搪瓷脸盆怕是七十年代以后出生的人不曾见过的。在当年，这可常常作为年轻人结婚时的贺礼。"喜鹊登枝"是传统的喜庆图案，据说谁如果出门遇到喜鹊跳上枝头，"喳喳"叫几声，那绝对是抬头见"喜"，预示着一天的好运气。可如今，鸟类知识告诉我们，这样的行为只不过是喜鹊们看到我们靠近，飞到高处观察、预警的一种方式罢了。它们嘴里喳喳的叫声，翻译过来恐怕就是："大家小心，有两脚怪接近！"如果说有啥高兴事，恐怕也只不过是它们还没有直接逃离飞走的"谨慎乐观"吧。如果把这样一份"谨慎乐观"的礼物送给新婚的夫妇……哈哈，画面太美，还是不要多想下去了。

人归人，鸟归鸟，不需要互相欣赏，只要互相包容就好了。

登高放哨

倒悬的逗号

小 鱼 文

大草蛉卵

这天，天气晴朗，我在后山的小溪边拍摄虫子。春末夏初，树上的叶子开始繁盛起来，我走过一棵海棠树。这棵树有一人多高，抬头一看，一片树叶的背面有几十根白丝，"丝线"的一端好像还挂着一个白色的小点。咦？这是什么？我很好奇，于是把树枝拉到眼前仔细看了看。我发现这片叶子上有二十几根丝，一端连在叶片上。这些细丝非常的细，但看起来很结实。这些丝上都挂着一粒乳白色的小东西，比小米粒还小，看上去像一个个倒挂着的逗号。

这些"逗号"是什么呢？为什么在树上？我觉得这不会是叶子上长出来的，应该是某些虫子制造的，看样子像某种虫子的虫卵。

回到家里，我果然在昆虫图鉴上找到了答案，这乳白色的"逗号"是草蛉的卵。这些虫子能产下数百颗卵，就是这样一片片挂在树叶上的。草蛉这种虫子在后山还是很常见的，基本上从树木刚长出叶子开始，直到夏末秋初都可以看到它们的身影。后山上大多数草蛉的头、胸、腹部都是翠绿色的，就连半透明的翅膀也是绿色的，只有眼睛看上去是红棕色的而且泛着金属光泽，就好像是雕刻大师用碧玉雕琢的精致工艺品，漂亮极了。可我还是感到疑惑，为什么这么漂亮的虫子会把卵如此低调地产在叶片的背后呢？想来想去，可能还是因为它们太脆弱了吧，用丝线吊在隐蔽的地方既方便隐藏，也防止被其他虫子直接吃掉。

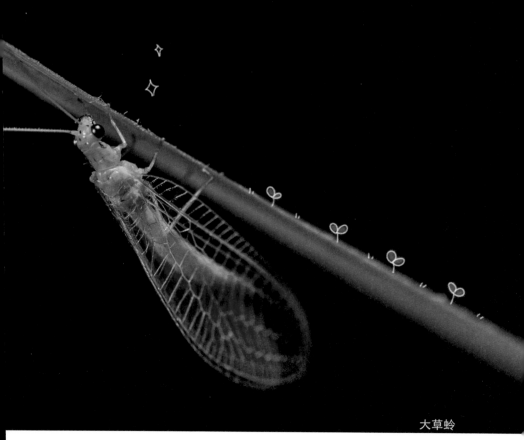

大草蛉

山沟里的金凤凰

红 隼 文

　　中国是世界雉类（俗称"野鸡"）的分布中心，生活着大量鸡形目的鸟类，其中不乏红腹锦鸡、红腹角雉、白冠长尾雉、褐马鸡等一大批中国特有的珍稀鸟类。雉类很多都是雌雄异形的动物，雄性会长着夸张的装饰羽，尤其在繁殖季节这些漂亮得有些

环颈雉（雄）

浮夸的尾羽或者冠羽就尤其突出。其最重要的作用就是求偶，用最漂亮的羽毛展现自己最优秀的基因，以吸引雌性的垂青。

由于中国雉类物种相当丰富，以至于在神州各地恐怕就会出现各种各样的野鸡。比如，在四川，野鸡可能是红腹锦鸡、灰胸竹鸡；在云南，野鸡可能是白腹锦鸡、红原鸡、白鹇等。放眼全国，环颈雉无疑是分布最广泛的一种野鸡，后山的野鸡属于这种。

虽然环颈雉非常常见，也十分漂亮醒目，但性情却十分羞涩，以至于在后山我们经常可以听到它们"咯—咯—咯"的叫声，却几乎看不到它们的身影。在野外，即使我们遇到野鸡，最经常的

环颈雉（雄）

环颈雉（雌）

方式就是走着走着，从附近的草丛中"咯！咯—咯—咯……"地突然冲出一只大鸟，拖着一条长尾巴，十分慌张地飞走了。突然到可以吓你一跳，等缓过神来想仔细看看，这只美丽的大鸟早已逃得不知去向。

　　当然，要想把它们看仔细，办法还是有的。有一次，我早早就埋伏在后山上它们经常出现的必经之路上，把自己和照相机严严实实地藏在伪装网后面。心想——这回咋也可以拍到高清版的照片了。可没成想，人算终究敌不过天算，我果然没有拍清它们的命。也许是伪装得太好，当这只漂亮的野鸡如期而至，却完全"无视"我的存在，直接跳到了离我不足两米的距离！简直丧心病狂！四目相视，我连大气都不敢喘了，长焦相机更是英雄完全没了用武之地，根本没法对焦。

　　好吧，不拍也罢，我就看看。漂亮的小伙子，祝你找到好姑娘。

苦菜

小鱼 文

蒲公英

吹蒲公英的种子，是我小时候最喜欢玩的游戏之一

　　这天的饭桌上，多了一些特别的菜——它们一丛丛的，窄长的叶子上里出外进，参差不齐。这样的一大盘绿莹莹的草叶边上摆着一小碟甜面酱。我问奶奶："这个菜怎么吃呢？"奶奶说："就这么抓着蘸酱就可以吃了，你试试看？"我抓起几根，蘸了点酱，送到嘴里。咦，味道不错，很清爽，脆脆的，就是有一点淡淡的苦味。"好吃，就是有点苦，这叫什么菜啊？"奶奶笑着告诉我，这种草叫"苦菜"，是她今天上后山上采的。后山上还有这么好吃的菜，真有趣，下回我一定让奶奶带我一起去采。

　　四月的一天，我拉着奶奶一起来到后山，这时的山坡上已是绿意盎然，草地上长满了各种各样的野草。这时，奶奶告诉我，那个开黄花的就是前两天吃的苦菜。我环顾四周，这里到处开满了这种黄色的花朵。我蹲下来，按照奶奶说的，抓住苦菜的基部，然后稍稍用力一拽，这些草就被连根拔起。就这样，我们又采了一些苦菜，准备回家再去品尝一番"春天的滋味"。

　　又下了两场春雨，天气越来越热。这一天我又想起了苦菜的味道，想去再采些回来尝尝。可刚要出发，奶奶却拦住了我，说现在的苦菜已经打籽了，不好吃了。虽说吃不上了，可我心里却还是惦记着苦菜们，那些小黄花会长出什么样的种子呢？于是我又跑上了后山，来到那片熟悉的苦菜地边。哎呦！地上一片片的黄花已经少了很多，却长出了很多白色的绒毛小球！这不是蒲公英嘛！原来好吃的苦菜就是蒲公英！

蒲公英

　　哈哈，我按捺不住喜悦，抓了两个毛球轻轻一吹，小伞们就立刻随风飘去。又一阵清风吹来，更多更多的蒲公英种子飘了起来，像欢腾的雪片一样飞向远方。仅这一片的蒲公英就可以播撒这么多种子，难怪它们可以长得遍地都是，真是奇妙的植物。好吧，苦菜，你们努力地飞吧，去更远的地方吧，我们明年春天再会。

毛白杨

阿，阿欠

红隼 文

　　毛白杨，也许是我最熟悉的树了。每到春天，它都会非常善意地提醒我它的存在。

　　"阿欠！阿阿阿 阿欠……"

　　这就是我最熟悉杨树的原因！想忘都忘不了啊。每年的春季，都是北方各种花粉过敏者最痛苦的时节。这时，气候转暖，各种花纷纷怒放，而"贵如油"的春雨总是姗姗来迟，空气中便弥漫着各种芬芳。在其中，靠风媒传播的杨树总不会放过这样一个绝佳的季节，疯狂地甩着花粉，送给我无边无际的喷嚏！

　　毛白杨是那种老百姓心中的大树，青白色的树干，高大挺拔。后山上的毛白杨大都有二十来米高，算是身形高大的树木。站在这些高大的树木脚下，经常会让人觉得渺小，加上它们还总是长着各式各样的"大眼睛"，和它们对视经常让儿时的我有那么一点点小紧张。不知道它们在看些什么、想些什么，但总被什么人

毛白杨的雄花，一直是我的噩梦

盯着的感觉还是让人脊背发凉，何况每到春天它们还会让我……
后来才知道，那不过是树干曾经被修剪过的印记，随着树干一天
天长粗，小豆眼也越发浓眉大眼起来。心情变了，看待事物的角
度也会变化很多。我发现毛白杨还是有很多可爱的地方，一向霸
气十足的喜鹊会在它高高的树枝上筑巢，然后神气地"嘎嘎"叫着，
宣告自己的江湖地位。可爱的小猫头鹰，也会在又一个春天回来，
选择熟悉的树洞做窝。而勤奋的啄木鸟则年复一年地辛苦工作，"咚
咚咚"地敲响春天的节奏，锛凿斧刨，凿出未来的甜蜜。

　　而就在我一番喷嚏眼泪之后，随着第一场春雨，一簇簇"毛
毛狗"也会如约飘落，成为餐桌上的美味，给人们送上春天的味道。
我试过几次，总品不出个好味道来。不知道是心有余悸，还是对
这亦敌亦友的毛白杨，有那么一丝敬意呢？

翡翠花

小 鱼 文

乳浆大戟

每年四月到五月初，都是后山上野花盛开的季节。每到这时，后山的草地、山坡和丛林间，便是野花满地。后山水池边的一片绿地，是山上野花种类最丰富的地方。一天，我来到这片草地，正当我沉浸于一片由紫花地丁和斑种草等野草簇成的花丛时，突然发现地上的一些野草有点与众不同——它们有一尺多高，通体绿色，似乎还没有开花。它们一丛一丛地生长着，先是长出一根长长的秆，然后在顶上长着几片平平的叶子，很奇怪。

我非常好奇，于是便走到那一大丛植物跟前，蹲下来观察了一会。它们长长的秆上有些细细长长的叶子。顶上那些水平生长的叶子似乎和其他的叶子有些不同，几乎看不见叶脉的样子。难道这些不是叶子？那会是什么呢？难道是花吗？会有碧绿的花朵？

正在我被一个个问题困扰时，只听嗡嗡几声，从远处飞来几只小蜂，落到了这几片圆形的平叶子上。我立刻意识到，这些圆片应该就是花朵了。为了证实这个想法，我又仔细地观察了一阵，发现这些绿色的圆叶中间有更小的几个黄绿色的小瓣，而这些小瓣的中间好像有花蕊。这下我断定，这些绿色的圆片应该就是花了。

回到家里，我又查了查图鉴和书，才知道这种植物叫做乳浆大戟，而那两片半圆形的"叶子"是它们的苞片，作用是吸引虫子，真是有趣。再后来，我和红隼在野外发现了更多绿色的花朵。大自然真奇妙，连花朵也可以有这么多意想不到的颜色，实在值得我更多地去探索。

夜洼子

红 隼 文

　　"今天晚上，听到今年第一次夜鹭叫。"

　　这是 3 月 1 日一段再简单不过的自然笔记。可那一刻，我说不出的喜悦。每年二月底到三月中旬，我都在等待着那一声熟悉的"哇"。

　　发出这个叫声的是一种叫做夜鹭的涉禽，第一次在后山发现它们还是十几年前的事情了。那时候我才刚刚开始看鸟，看到它们出现在这里很是惊讶。夜鹭不是一种水鸟吗？之前只在水库边上的湿地浅滩见过它们，那里有它们的食物，我也曾见到它们在水边捕食小鱼，或者干脆"守株待兔"地静静等着猎物上钩。可如今，它们到这里干什么呢？

　　由于那时候我并不了解这些鸟类，就带着这样的问题迷迷糊糊地只是看。后来，我发现它们在早春从南方迁徙回来之后，总是在每天的清晨自南向北飞回后山，然后在日落前后又向南飞走，周而复始。直到有一天，我抱着小鱼遛弯的时候，在一片槐树林里突然听到了一阵呱噪。走近前去发现树冠里树顶上站着很多棕色的鹭鸟，看到人在附近也不飞走，只扑腾着更加卖力地大叫。我正在纳闷这到底会是什么鸟，只见一只夜鹭飞进了树林，落到其中一只棕色鹭鸟的旁边，开始张开大嘴给这只鸟喂食。原来如此，

停落在树枝上的夜鹭

这一群棕色的鸟就是夜鹭的幼鸟，它们扑腾着大叫是在呼唤自己的父母。

这回都搞明白了。原来后山上有夜鹭的巢区，它们在这里筑巢、孵化，然后去南面几公里外的水域去捕食，再回来哺育幼鸟。 也是从那时开始，每年我都会等着这些漂亮的候鸟回来。后来小鱼长大了，我和他一起统计过后山上夜鹭的数量，少的年份有两百多只，多的时候有四五百只。而且后山上不仅仅生活着夜鹭这一种鹭鸟，还生活着白鹭、大白鹭、池鹭、牛背鹭等好几种。它们的筑巢地也并不总是在那片槐树林，它们隔几年就会在后山选择一片安静的树林换一次巢区。可不管如何更换，这一大群鹭鸟总会在早春呼朋引伴地回到后山，"哇哇"叫着，宣告着春天的回归，也仿佛在和我这个一直惦记着它们的老朋友打招呼——"嗨，我们回来了……"

而我，也总是会意地一笑——"又是一年春来早，欢迎你们，可爱的鹭鸟，祝福你们今年繁殖顺利，子孙满堂。"

槐树怪圈

小鱼 文

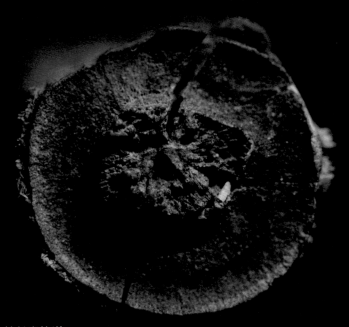

日本双棘长蠹坑道

后山的槐树不多，整座山上也不过几十棵。可是不论春夏秋冬总是可以看到许多槐树掉落的枝杈。我起初也没觉得奇怪，只是以为槐树的质地比较脆而已。可是当我有一次仔细看过掉落的槐树枝后，发现有些不对。这些树枝的断面非常整齐，而且靠近树皮的地方还有一个环绕树枝的圆形凹槽。我捡起更多地上的树枝，都翻了一遍，结果所有树枝上都有这样的圆圈。

我想这绝不是偶然的现象，凭借从前观察的经验，这些凹槽应该是某种虫子啃的，可会是什么样的虫子吃的呢？它们又为什么要这么咬呢？

回到家里，我翻出红隼的一本很厚的虫子书，仔细寻找这吃槐树的罪魁祸首。经过一番搜寻，一种叫做日本双棘长蠹的虫子出现在书中。原来，这种圆圈是它产卵的地方，而有一些成虫产完卵就会躲在树枝里过冬。看到这里，我找出小刀，盘算着再去后山翻出几只成虫，看看到底是不是它们偷吃了后山的槐树。

这天，我又回到后山的槐林，掏出小刀，开始刻起掉落的树枝来。刚刻了不久，就在树枝上刻出两个小洞。把树枝架在膝盖上一撅，"咔"的一声，树枝被折为两段。一条浅浅螺旋而下的沟出现在我眼前，沿着小沟向下继续看，我发现小洞里有一个黑色的东西——虫子！我兴奋极了，我想用小刀把它撬出来，可又怕伤到里面的虫子，于是随手薅下一根毛毛狗，一点点把里面的虫子挑了出来。当我看清这只小虫鞘翅上两个黑黑的小突起时，终于确定了之前的所有猜想。没错，这就是一只日本双棘长蠹！

　　虫子是找到了，我又有了新的疑惑，看着这片光秃秃的槐树林和满地掉落的树枝，我不由得为槐树们担心起来——明年它们还能长好吗？

　　又是一年春天，随着后山上飘出槐花的香气，我再次来到这片槐林，此时林子早已经变了模样，再次变得郁郁葱葱。看到这里我放下心来，槐树没事，它们又发出了新枝。

日本双棘长蠹　小鱼／绘

摇钱树

小鱼 文

榆树

　　红隼说后山上原本没有什么树，光秃秃的，后来种上了很多刺槐、柏树、松树、元宝枫等树木。要说后山上原生的树种，数量比较多的应该算是榆树了。后山上的榆树不算太少，而且不乏几棵粗壮的大树，但更多的是一些不足一米高的小树苗，而且这些树木似乎永远也长不大，总乱丛丛地和一些小灌木混在一起。

　　一年冬天，我到最高点下面去找马兜铃，这一带是一片洼地，里面有几棵高高的山杨树，还有一棵大榆树。这棵榆树很粗，看样子年头已经很久了。地面上落满了它的树叶，我低头翻找马兜铃的时候发现一个奇怪的现象，地上的这些榆树的落叶似乎没有一片是完整的。我被这件怪事吸引，一时间忘记了原本的目标，搬来一块大石头坐下，索性翻起这一大堆榆树叶来。

　　真是奇怪，我翻来翻去居然真的没有找到一片没有洞洞的落叶，每片叶子上都被虫子啃出了一堆大大小小的洞。我数了一下，

榆树叶上的小洞就是这些榆黄叶甲的杰作

叶片上少的有两三个洞，多的有二三十个。究竟是什么虫子这么喜欢吃榆树叶呢？这么多虫子为什么也没有把后山上的榆树啃光呢？带着这些问题，我回到了家，和奶奶聊了起来。奶奶告诉我，榆树叶上的这些小洞是被一种黄色的小虫啃的。而且，奶奶还告诉我，榆树的叶子人也可以吃的，在她小的时候赶上灾荒，就要靠捋榆树叶做窝头，那时候就要和这些小虫抢叶子吃呢。奶奶还说，春天里榆树刚发芽的时候，会长出圆形的榆钱，味道更好，是甜甜的，很好吃。这么说原来榆树还真的全身都是宝，在那个年代里，居然还救了很多人。

又过了一段时间，后山上的榆树发芽了，真的长出了一簇簇圆形的果实，看上去好像是挂满了绿色的小铜钱！我揪下几个尝了尝，别说，还真是有点甜味！看，树上还有一群燕雀也在大快朵颐！看来榆树还真是人见人爱、鸟见鸟欢、虫见虫乐的"摇钱树"。

燕雀啄食榆钱

小核桃

小鱼 文

　　已是初春时节，虽然像蒲公英这类野草已经开始萌发，但大地还是被一层层落叶覆盖。远看上去还是灰褐色一片，没法与夏天里一片片绿色相比。放眼远处，水池边的树林里更是一片枯黄。我从小湖边走过，走得累了，便爬上小亭子边的一处叠石上休息。

　　叠石上很干净，没有什么落叶，除了一些小石头和尘土以外，好像没有别的东西了。我正看着这片大石头发愣，突然发现一处石缝里夹着一个棕色的小球，表面好像还有一些有趣的花纹。我很好奇，于是走过去一探究竟。走到近处仔细观察，一颗很小很小的"核桃"出现在我的眼前。这个"核桃"只有五毫米直径，上面也

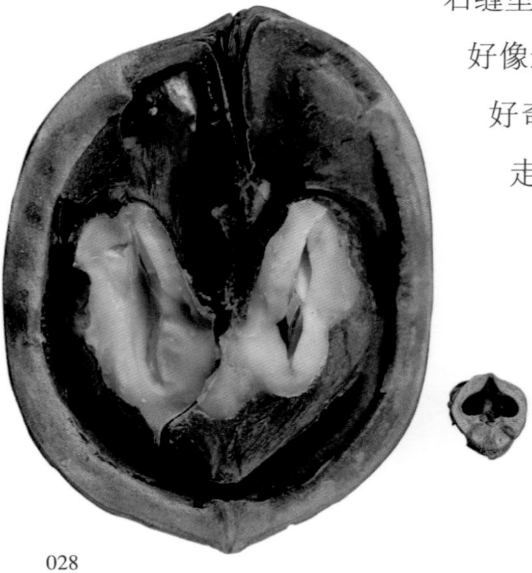

"小核桃"和大核桃

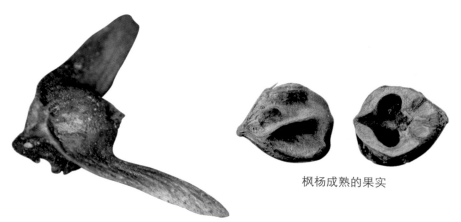

枫杨成熟的果实

枫杨成熟的果实，"小核桃"就长在里面

布满了深深浅浅的凹坑形成的纹理，可说是"麻雀虽小，五脏俱全"，简直就是个微缩版核桃。我感到很惊奇——怎么会有这么小的核桃？转念一想，也许是一个没长好的核桃？

正想着，突然发现前面好像又出现了几个类似的"小核桃"。于是我又往前走了几步，一个、两个、三四个……往前一瞧，好家伙，地上密密麻麻的好多小核桃！这些核桃有完整的，有半拉的，随手捡起一个，发现里面的结构和核桃很不一样，也没有核桃仁。我更奇怪了，为什么有这么多"没长好"的核桃呢？难道它们原本就不是核桃？它们又会是什么呢？

我疑惑地抬起头，这一片"小核桃"的上面有几棵高大的树，难道这些小核桃是它们的种子？我仔仔细细看了看这些树，似乎并不认识，树皮有一点像旱柳，但柳树肯定不会结出这样的种子。

枫杨的翅果

我又围着大树转了两圈，在一处树枝的夹缝里看到一个干枯的翅果，捡出来搓掉果皮，一颗"小核桃"从翅果里掉了出来！原来，它们果真不是核桃，而是这些大树的种子。而这些大树又是谁呢？大自然就是这么奇怪，总是有这么多不知道的事情。好吧，还是回家去翻翻书，找找答案吧。

紫色海洋

小鱼 文

二月兰

　　每逢早春三月，后山湖北面便会长满大片的二月兰。从云山关走入公园，首先映入眼帘的便是这片由二月兰铺成的"紫色海洋"。这片绿毯上密密麻麻地嵌着紫色的小花，高低错落。没有风的时候，二月兰自然地高低起伏着，一阵微风吹过，紫色的花朵随风摆动，如大海上的浪花。我每每来到这半尺多高的花海，便有种陶醉其中的感觉。

　　二月兰的花朵颜色变化很多，其中青紫色的居多，除此之外还会夹杂着粉色和白色。有些花白中透紫，有些粉中有白，十分美丽。它们的花是十字形的，就像举着一张名片，表明了它们十字花科植物的身份。十字花科的植物在我们的食谱中经常出现，比如油菜、白菜、生菜等很多我们熟悉的蔬菜都是十字花科的成员。其实二月兰还有一个名子叫"诸葛菜"，也是一种可以食用的野菜，

只是我没有吃过，不知道味道怎么样。

二月兰的花朵十分迷人，但很少有人关注它们的叶子。其实二月兰的叶子也和花朵一样，非常多变、有趣。二月兰的叶子互生，叶形可以分成不裂和大头羽状分裂两大类，也就是有的叶子几乎是全缘没有裂的，只长有一些尖状的突起，而其他一些会长着从浅浅的到极为夸张的羽状分裂。有时候在一小丛二月兰里，就会看到各种不同形状的叶子。有时候，我觉得观察它们的叶子比看花还好玩。

二月兰好不好吃我不知道，但是它们确实点缀了早春荒凉的后山，它们美丽的花朵和有趣的叶子，都给春天带来了更多的生气。只是，如今很多地方好像不再喜欢这些早春的野花了，原来一片片紫色的海洋被平淡无奇的人造草坪取代。好可惜！

小吊篓

小 鱼 文

　　冬天里一次上山，我来到制高点下面的一片密林，正走着，突然发现面前的树枝上似乎挂着什么东西。走近一看，六条细丝挂着一个圆圆的"兜子"。竟然是马兜铃！

　　我从没有想到后山上会有马兜铃。原因很简单，因为它太不常见了。我记得自己只见过两次马兜铃：第一次是在密云的一个山上，在密林深处乱七八糟的藤条上翻出一个来；第二次是在白河湾的一处木栏子上挂着三个干枯的马兜铃。也就是从那时起，因为它们奇特的果实形状，让我牢牢地记住了"马兜铃"这个名字。

　　之前两次看到马兜铃的地方，环境都比后山好很多，原生的

马兜铃

植物、动物都很丰富。后山这么小的一片地方，竟然也能看到马兜铃，实在令人惊奇。马兜铃会在开花的位置长出六条细丝，"兜"住一个类似倒吊的铃铛状的东西，这就是马兜铃种子的"摇篮"。"摇篮"分成六瓣，皮很薄，像干枯的花瓣。而马兜铃的数十个种子就一片片地睡在这薄如蝉翼的"摇篮"里，微风吹过，沙沙作响。

看到这株稀罕的马兜铃结了这么多种子，我心想它们来年应该会发芽长出更多可爱的马兜铃吧？冬去夏来，我跑去那片密林查看，可那里已经成了各种植物的海洋，乱七八糟地混杂成了一堆，分不出谁是谁了。"好吧，看来只有等到冬天去数小兜子了。"这样想着，我开始期待着冬天的到来。

终于等到了又一个冬天，我兴冲冲地跑去观察我的马兜铃。可走近一看，那里光秃秃的，没有了可爱的小兜子。想到后山上唯一的马兜铃可能死了，我不由得有些伤心。我又往前走了几步，突然发现地上有些叶子有点特别——它们薄薄的水灵灵的似乎是被雪水泡过，我捡起一片来，轻轻地展开，在我眼前呈现出一个熟悉的心形。呀！这不正是马兜铃的叶子吗！我抬起头，又发现了很多类似的叶子。我兴奋极了——后山终于不再只有那一株马兜铃，又有了很多，这回后山的马兜铃终于可以兴旺发达了！

马兜铃果实 小鱼／绘

锛打儿木

红隼 文

大斑啄木鸟

前段时间听到这样一则消息，一个小区里来了一位"不速之客"，疯狂地在高楼外墙的保温层上凿洞。这引起了小区居民的不安，担心时间长了，好不容易加装的保温层还不被它拆了？这个"不速之客"是谁？

原来这是一只北京人常说的"锛打儿木"，正式的中文名叫做大斑啄木鸟。它也并不是存心对保温层有看法，只是它们有在秋季打洞储存食物的习惯。按照习惯，它们会在树干上打洞，存放橡果、松子等坚果，以备冬季食物匮乏时食用。可能是机缘巧合，这只啄木鸟发现了保温外墙这种松软的"建筑材料"刚好可以用来开凿"储藏室"，这个可比凿树干轻松多了，于是大兴土木。搞清了来龙去脉，物业部门赶紧趁着这只"勤劳"的啄木鸟还没搞出更大的动静，修补了墙面，而啄木鸟一觉醒来发现刚造好的储藏室都凭空消失了，也就没有再执着地凿下去。

啄木鸟可以说是我们既熟悉又陌生的小动物，我们从小就听说过"森林医生"的故事。可在现实生活中，大多数人对它们却知之甚少。其实，在我们身边就生活着很多这类有趣的小鸟。北京有大约四种比较常见的啄木鸟，在后山就可以看到它们。从小到大依次是星头啄木鸟、棕腹啄木鸟、大斑啄木鸟和灰头绿啄木鸟。它们当中，除了棕腹啄木鸟以外，其他几个大都是北京的留鸟，我们一年四季都可以见到它们。如果我们在树林、小山上听到"唧唧"的尖厉而单调的叫声，通常都是它们发出的。敲击树木发出的"咚咚"声也是找到它们的好办法，尤其是在春季，树林里还经常传出一连串频率逐渐加快的啄木声，这更是大斑啄木鸟刷存在感、吸引异性的特别方式。

这几种常见的啄木鸟当中，最小的如星头啄木鸟，只有十五厘米左右，非常小巧可爱，经常围着树干、树枝转圈，撕开树木的表皮，寻找藏身其中的昆虫。而较大的几种，尤其是体型最大的灰头绿啄木鸟，身长有将近三十厘米。它们可以在杨树这类高大、粗壮的乔木上凿出茶杯般粗的树洞用来繁殖后代。而这些树洞在啄木鸟繁殖过后，或者被遗弃以后，会被山雀、椋鸟等鸟类再次使用，成为森林"循环经济"的重要财产。从这样的角度上说，啄木鸟堪称森林中的拓荒者，不仅仅平衡了森林"虫害"，也为更多生命融入森林生态圈创造了条件。

也许对于一个楼房的保温层，啄木鸟是"不速之客"，可对于后山，对于我们生活的生态环境，它们真的是值得我们尊重和珍惜的自然伙伴。

啄木鸟开凿的树洞可是森林里的"高档别墅"

飞舞的毛毛

小鱼 文

聚集的桑木虱

春天是桑果成熟的季节，自然也是我非常开心的季节。这天下午，我找了个袋子，准备去后山的老桑树上去摘点桑葚吃。

穿过熟悉的小路，眼看就要到桑树林了，一阵微风吹过，从前面飘过来许多白色的毛毛。这毛很轻，像柳絮一般。因为不知道是什么，我赶忙用手把脸捂住，继续向前赶路。很快，我走到熟悉的大桑树下，可眼前的景象却让我大吃一惊，只见桑树上满是白色的毛毛，几乎把叶子都给糊满了！这些白毛还随风飘着，不停地拉丝、断裂、飞走。原来之前飞在空中的毛毛就是这些，怕是哪些虫子在吐丝吧。看着眼前白花花、黏糊糊的一堆毛毛，我顿时没了吃桑椹的念头，只想早点离开。

可转念一想，我又来了兴趣，这会是什么虫子吐的丝呢？我知道很多蜡蝉、木虱或者蚧壳虫这类的虫子有吐丝的习性。我

桑木虱若虫

走近这棵桑树仔细看起来，我逐渐看清了它们。原来这是一种绿色的小虫，有几毫米长，身体是浅绿色的，长着暗红色的眼睛，尾巴上却长出许多白色的丝线。这满树的白丝，应该就是这些虫子吐……噢不，应该是"拉"出来的。它们干嘛要拉出这么多丝线，这不是很容易被发现吗？难道它们不怕被别的动物发现后吃掉吗？

正在疑惑，又一阵风吹来，只见一只小绿虫的尾巴随风飘舞起来，风大起来，那白色丝线的尾巴也越摇越剧烈，然后嗖地飞了起来，那小虫也随风而起！我恍然大悟，原来它们还没有长出翅膀，不能帮助它们飞走，而尾巴上的这些白丝恰恰可以当成一个风帆，帮它们从一棵树移动到另一棵树上。真是一种奇妙的虫子。

桑木虱成虫

好吃的树叶

红隼 文

春季里香椿的嫩芽

香椿的嫩芽是非常好吃的，最著名的吃法恐怕是炸香椿鱼。这是很多家庭乃至餐馆的一道时令野味。现在大家可以很方便地吃到香椿鱼，尤其在春季，菜场、商超很多地方都会有新鲜的香椿芽售卖。即使在一年里的其他季节，你也可以买到香椿腌菜、香椿酱，甚至随时可以采摘的"大棚香椿"！

印象里小的时候，香椿可是极为稀缺的美味。到了早春，家里的大人就早早找出长长的竹竿，扎紧竿头的"八号铅丝"，收拾停当，只等高高的香椿树上冒出嫩芽。通常是一场延绵的春雨未停，我们便会一大早爬起来，和大人们跑上后山，去摘第一茬香椿。摘香椿是技术活儿，需要巧妙地用竿头的铁丝钩套住嫩芽的根部，只轻轻一拉，香椿的嫩芽便会随着细细的春雨飘落，绝没有一丝声响。太用力是不行的，横敲竖打地蛮干更是不行的，弄断了香椿的枝丫，会影响它们继续发芽，也会妨碍其他人去摘，会被邻居瞧不起的。摘香椿的活儿太难，我们也帮不上忙，但这个时候孩子们也不会闲着，每当一簇嫩芽落地，就会咽着口水飞奔过去，将香椿捡到小布袋里收好。

香椿采回家，用淀粉勾了芡，再打上一个鸡蛋，把香椿芽在里面一蘸，下油锅里面炸制。香椿鱼只一下锅，便会一翻身浮在油锅里，发出咝咝的声响，同时一股诱人的清香便会溢满整个厨房。孩子们也会眼巴巴守在锅边，等着美味出锅。孩子们总是嘴馋的，往往是香椿鱼还没上桌，已经被一家孩子"尝"去大半，惹得爹妈一顿数落。

　　其实香椿吃法很多的，远不止炸香椿鱼这一种。记得儿时家里并不富裕，用很多油炸香椿太过奢侈。但这绝不会影响我们品尝香椿的美味，只简单地清水一焯，用酱油拌了，点上几滴小磨香油……那美味至今难忘。

　　儿时的生活里，蔬菜、副食远没有如今丰富，冬天里一家人的餐桌上总是在消耗着菜窖里那数不清的白菜。往往整个冬季，一家人都会与这些大白菜为伴。而脆嫩的香椿，激活一家的味蕾之余，仿佛也在轻声地诉说——寒冬已去，春天已来。

香椿

永不消逝的电波

红 隼 文

红角鸮

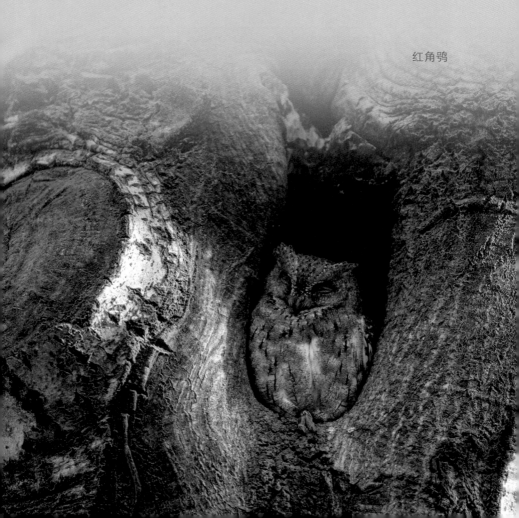

红角鸮

在很早以前，大约是我十几岁的时候，每年的春夏我都会听到一种奇怪的声音。这是一种"咕呜—咕—咕咕"的声音，在寂静的夜里显得格外洪亮。也许是小时候打仗片看多了，我老觉得有一个神秘的电台，每到夜里就在不断地发送密电。直到我开始观鸟，将这样的声音录下来请教老师才知道，原来这就是红角鸮的叫声。

红角鸮的声音相当容易听见，但它们的样子却不大容易看到，我也是在一次散步中偶然发现了它们的行踪。和所有的鸮形目动物一样，它们喜欢在夜间捕食。而在白天，它们总是站在树上，一动不动。它们是一些非常敏感的动物，当感觉到威胁的时候，它们会把全身的羽毛收紧，让自己变得更瘦，更像一根树枝，仿佛在默念："你看不见我，你看不见我……"看到它们这样，我也忍俊不禁："好了好了，我看不见你啦。"

在北京，它们每年的四月中下旬就会到来，然后选择疏林地带高大乔木上的天然树洞或者类似的位置筑巢。通常会产下三至六枚卵，然后孵化、育雏，直到秋天里九月底左右迁离北京。这么多年了，这些可爱的小猫头鹰早已经成为了我的朋友，每年的四五月份，如果我迟迟还没有听到这熟悉的"电波"声，我会感到疑惑，甚至会为这些小猫头鹰感到些许的不安，担心它们在迁徙的路上遇到什么不测。直到那熟悉的"咕呜—咕—咕咕"又在漆黑的夜里回响，我常常会心一笑，心里默念道："欢迎你们回来。"

夏凉

荷花

红隼文

荷花

后山上原本是没有水池的，更不要说荷花了。早年山上就是些黄土岗子，稀疏地长着酸枣树、桑树、榆树啥的，唯一的水源依稀是东面山沟里农田边的一眼水井，孤零零的，勉强灌溉使用吧，也并没有什么生气。后来也忘记具体是哪一年了，大抵是九十年代的样子，后山西侧云山关北侧依着山坡挖了几个池塘，铺了塑料的地膜，灌上水变成了景观。荷花大约也是那以后引种的。据说灌的水是中水，从北面最高的小塘注入，流过一段浅浅的小溪、一座小桥和一片人工的跌水圈积下来。水不常流动或者更替，久了不免有些味道，也沉积了不少淤泥。然而荷花却非常不以为然。

也许是最下面一个大塘里攒下了更多的泥沼，于是这里的荷花就尤其茂盛。每到盛夏，巨大的荷叶便被托举着覆满了整个池塘，甚是好看。有了摇曳的荷叶，池塘里多了不少意趣。红色的、黄色的蜻蜓或飞行或停落，更小一点的螅颜色其实更加绚丽和神秘。有些年份，甚至会有漂亮的翠鸟穿梭其间，让人看了开心得不得了。

到了夏末，荷花大朵大朵地盛开，衬托在墨绿的叶子里，尽显雍容。"雍容"这个词似乎总是被人们用来赞美牡丹，国色天香自然大气得很。但在我看来，荷花用这个词却也十分恰当，或许还应该有些恬静？那也应该等秋凉了才好吧。不过那时，荷花也已经翩翩坠落池中。所以，夏末呱噪的蝉鸣声中，这绯红的巨大花朵怎不"雍容"呢？

荷花大大咧咧地活着，没有嫌弃中水浇灌出的水池，似乎还十分感激乌黑恶臭的泥巴。一句"出淤泥而不染"，便可以雍容地开放。看看它们，我总是会觉得自己可笑，花朵、蜻蜓都不在意，我为什么非要死盯住池底的那层地膜呢？

抓蚂蚱

红隼文

蚂蚱

　　小时候上学是没有家长送的，学校也不远，走路不过十几分钟。到学校的路有很多条，有大马路，还有一条小路是穿过后山的。自然，那时候这崎岖小路是我的最爱，原因很简单——好玩儿的东西很多，而在路上抓蚂蚱就是我最爱的娱乐之一。不是所有能跳的虫子都可以叫作蚂蚱，蛐蛐、扁担高、油葫芦都是不可以的，蚂蚱是那种腿上长着巨大倒刺，跳起来便能扑啦啦飞走的。

　　小时候我就是这么认的蚂蚱，现在才知道当年口中的所谓蚂蚱，应该就是直翅目的那些虫子了。只是那时候才不管它叫啥呢，好玩儿便是最重要的。蚂蚱有很多种玩儿法，但先要抓住它们。发现它们后，慢慢地从一旁靠近，然后用手猛地扣住，另一只手再从下面抓住，拇指和食指掐在蚂蚱胸部的背甲上就可以了。整把抓是不行的，它们的后腿非常有力，尖尖的倒刺是可以扎破手指的。捏住后腿也不行，它们可以"丢掉"腿逃跑。蚂蚱捏在手里力道不能太轻，也不能太重，否则会让它们挣脱或者从口器里吐出酱油一样的汁液，很恶心。把蚂蚱抓了，并不急着做什么，只随手揪下一个毛毛狗，用另一端从背甲处朝头的一边穿过去。蚂蚱不会马上死去，只会蹦跶蹦跶后腿任人摆布。就这样一路抓过去，很快就可以穿上一大串。然后或者甩着玩儿，或者运气好了找几根火柴点一小丛柴草烤了来吃。那时候各家都不太富裕，虽不至于饿肚子，但毕竟也不会总有肉吃。蚂蚱烤了的味道其实很像烤虾，那时是孩子们都很喜欢的牙祭。

　　小时候，蚂蚱是害虫，会祸害庄稼，所以抓了完全不会有任何内疚，每个孩子都会觉得是做了一件快乐而又有意义的好事。长大了却知道了蚂蚱更多的"用处"，作为自然中的一员，它们有着不可或缺的意义。如果没有这些生物链低处不起眼的小动物，那些高高在上的各种猛兽、猛禽，定会威风扫地一蹶不振啦。如今，抓蚂蚱已不再是孩子们热衷的游戏，可是我却很少再看到蚂蚱了，尤其是又大又绿、扑啦啦飞的那种。

蚂蚱

咔嚓咔嚓

小鱼 文

　　不知怎的，夏末的这天格外炎热。热就算了，而且还特别地闷。空气就像凝固了一样，一点也不流动。往远处看，在光滑的路面上，低低地浮着如浓水一般的热浪，令人望而却步。鸟不叫了，虫不鸣了，就连树叶也不像往常沙沙作响了，轻轻地低垂着。我坐在仅有的一片树荫下乘凉，但也觉得身体每个毛孔里都在淌着汗水。

　　就在这本无一丝声音的环境里，身后紫薇树上却有了响动。

　　这声音很奇怪，是清脆的咔嚓声，很像是虫子嗑木头。于是我转过身，向紫薇树走去，那声音一直不断，我循着声音绕到树后面。咔嚓咔嚓……那声音越来越近了。我向那边望去，只见一只青绿色带金属光泽的虫子在啃食什么东西。我再靠得近些，看清那是一只蜂，我觉得很奇怪，因为从前看到的蜂大都是黄黑相间的，而这只却是青色的。这奇怪的声音又是从何而来的呢？我又仔细看了看，发现它正在啃食的是一个圆圆的"蛋"，"蛋"上面还有浅棕色的条条，我认出这是一个刺蛾的茧。我突然明白过来，原来它是要咬破茧壳，吃掉里面的蛹啊！

　　因为第一次看到这种蜂，又有它吃东西的情景，于是我愉快

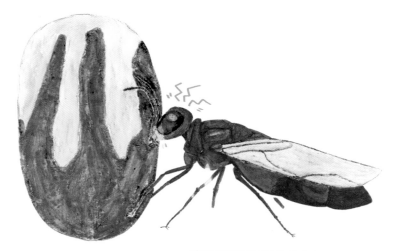

咔嚓咔嚓啃刺蛾茧的上海青蜂　小鱼 / 绘

地看起虫子吃食来。我围着树不停地转，从不同的角度观察起来。而这只青色的蜂似乎很淡定，一直咔嚓咔嚓地咬着茧壳。但当我转到正对着刺蛾茧时，突然关注到一个细节，如果蜂是要吃掉幼虫，它需要嗑出一个大洞来才方便它食用。而现在这只蜂仅仅嗑出一个很小的洞，为什么呢？

　　这时蜂停了下来，用尾巴对准洞口，转过头来干了什么，随后便飞走了。我很是疑惑，它到底在干什么呢？我看着茧被蜂咬开的小洞，见洞口已被重新堵住。我重新前前后后回忆这只蜂的一系列行为，终于恍然大悟，原来它是在产卵！

西瓜虫

小 鱼 文

　　不记得从什么时候开始，大概是四岁多吧，我开始喜欢上了玩西瓜虫，一直玩到了现在。

　　西瓜虫是后山上极为常见的一种小虫，尤其到了夏天，它便更加常见，在后山上遛弯，随便走一段路都能看到。这些小虫子总是慢慢地、不慌不忙地爬着，所以非常容易观察，也容易抓着

寻常卷甲虫

玩儿。有时候，我会蹲下，用手拨弄它们，这样一来，虫子就会立刻变身成一颗颗小"西瓜"，圆溜溜的，有趣极了。有时候，当虫子缩成球之后，我还会找来一根小棍，把它弹开好远，然后看它们慢慢伸出头脚，一溜烟爬远，乐此不疲。

　　后来，我也开始仔细地观察这种小虫，它们有一对弯弯的触角，还有七对足。只要受到一点惊扰，它们就立马缩成一个圆球，不管怎么动它们，也不会张开身体。不过只要你不再触动它们，不管你是不是还在那里，大概两分钟以后，它们就会开始活动。这种时候，它们不会一下子就爬走，通常会先伸出触角，左右扫动，试探一下周围的情况，如果发现没有危险就会完全舒展开来溜走。看来，西瓜虫的眼神很差，主要靠触觉探索世界。

　　后来有一天，我到后山玩，翻开一块石头，发现里面有很多西瓜虫。我习惯性地找了根小棍拨弄了几下，它们却没有变成熟悉的小球。我觉得挺奇怪，仔细看了看眼前的这些小虫。比起我熟悉的西瓜虫，它们颜色浅了一些，而且在被触动的时候，不会缩成小球，而是纷纷努力地爬回到石缝里。我把这个事情告诉了红隼，他说那恐怕不是西瓜虫。但他也不知道那是什么，只告诉我他小时候管那种虫叫潮虫，还说这个类群他也很陌生，让我自己去书里寻找答案。

　　我翻遍了家里的各个书柜，发现介绍这类虫子的书好少，只隐约查到西瓜虫应该是某种卷甲虫，而红隼说的潮虫应该是某种鼠妇。而更多它们的趣事，我恐怕得以后继续琢磨了。

知了

红隼 文

鸣鸣蝉

"知了，知了……"

夏天的时光似乎总和这样的吵闹交织着。蝉似乎大家都很熟悉，想想原因，大抵因为它们的叫声实在是想躲都躲不掉的吧。每到盛夏，后山上便会成为各种蝉鸣的海洋。我们俗称的蝉，大都是半翅目蝉科的昆虫，后山上常见的有那么三四种，大的如周身乌黑的蚱蝉，小的如一身翠绿的鸣鸣蝉，更小的像经常隐身在树枝上的蟪蛄等等。这些蝉叫声曲调各异，喜欢待的地方也大相径庭，大个子蚱蝉喜欢在高大的树上，比如趴在杨树上"知了，知了……"地叫。蚱蝉嗓门大，但叫的还算是有时有晌；小个子的蟪蛄却是个耐力型的选手，为了约到称心的姑娘，它们敢"热儿热儿"地从凌晨一只嚷到半夜！而在这众多的知了当中，我最熟悉的应该算蚱蝉了。而说到熟悉它们的原因，除了它们个头大、嗓门大以外，还有一个更有趣的原因。

小的时候，每到雨后入夜，总能看到三三两两几束微弱的手电光在树林里晃动。这是孩子们在挖"季鸟猴儿"，其实就是找蚱蝉的若虫。这些若虫会在出生后的几年里，都在漆黑一片的地下生活，并完成数次蜕皮，达到末龄的若虫后钻出地面，爬到树上完成最后一次蜕皮，再爬呀爬，直到树的高处。雄蝉开始唱响生命的最强乐章，吸引异性交配，完成新的生命的轮回。说得有点远了，还是接着来聊挖季鸟猴儿的故事。虽然过去了三十多年，我却还能清楚地记得当时的"技巧"。挖季鸟猴儿要仔细观察地面，找到它们的洞口，像大拇指粗的洞是不会有季鸟猴儿的，那些是

刚羽化的蚱蝉　　　　　　　　　鸣鸣蝉

它们已经爬出后的样子。要找那些只有绿豆般大小的洞口，而且
形状得是三角形或者不规则形状的才好，圆圆的通常不会是的。

找到这样的洞口以后，要用小树棍轻轻地插进去，然后挑一下试试，若是洞口一下子塌掉就对了。然后，用小指轻轻地拨开洞口薄薄的一层土壳，往往下面就会是一个拇指般粗细的洞，用食指探进去试试，可能就会被蝉用粗壮的前肢挠一下。确定洞里有季鸟猴儿以后，就可以拿一根树枝伸进洞里"钓"它们出来了，往往只轻轻地试探几次，蝉就会一把抱住树枝，然后就可以成功地钓它们上钩了。挖到的季鸟猴儿带回家，用水洗掉泥土，用油煎了吃味道极好，在那个物质生活并不富裕的年代里，是孩子们难得的牙祭之一。于是，这吵闹而又美味的小虫，成了我儿时最有趣的记忆之一。

如今，生活富足了许多，季鸟猴儿也早就不是孩子们追逐的美味。而每到夏季的雨后，每当我听见熟悉的"知了，知了……"的叫声，挖季鸟猴儿的情景就会再次浮现在眼前。看，窗外的雨似乎要停了。

"小鱼！我带你上后山挖季鸟猴儿去吧！"

嘴大脖子预

红隼 文

中华大蟾蜍

　　蛤蟆应该是无尾目两栖动物的统称，或者说是其中又肥又丑的那些种类的统称，名字里总是捎带着一些厌恶。原本后山上是没有蛤蟆的，后来有了那几洼水塘之后，便不知何时喧闹着多了起来。凡值仲夏，这些大嗓门的家伙便会叫响山前的这片"湖泽之地"。"呱呱呱呱……"，好不恼人。

　　记得儿时课堂自习，老师刚起身离开，教室便顿时热闹起来，交头接耳瞬间演变成呱噪的吵闹。直至那老旧的木头门"嗵"的被踹开，一起戛然而止。"吵吵吵！吵什么吵！蛤蟆坑似的……"当时，我应该只低头不语，是万不敢抬头看老师的脸的，如今回想起来，那应该是何等厌弃的表情啊！"蛤蟆坑？"妙！

　　后山上只有一种蛤蟆，正经名字应该叫做中华大蟾蜍。听名字，这家伙还相当高端大气，于是便空出时间留意观察。找个夏天的晚上，喷上一身避蚊胺，拿了手电出发。夏天水塘边不难找到它们，但观察起来却也需要一点耐心，这些看上去懒洋洋的动物也还是挺敏感的，只有慢慢地接近才可能凑到它们跟前。仔细看，尤其是看它们慵懒的眼睛和宽大的嘴叉，很容易让你忘掉之前对它们的坏印象。橙色虹膜的大眼睛圆滚滚地顶在脸上，瞪得大大的，但又好像啥也没看。开叉到耳朵根儿的大嘴巴憨态可掬，两个细小的鼻孔俏皮地安在眼睛前面。

　　只要你够"友善"，让它们视你如无物，你就可以近距离观察这个可爱的小东西。坐在它的对面，看着看着，我突然觉得它就像一个坐在庙里拿着木鱼打着瞌睡的老和尚，端庄，祥和，又透着那么一点善良的俏皮。

　　只是这种欢喜的感受总被人误解。或许是嫌一身疙瘩看着膈应？或许还是嫌弃"蛤蟆坑"太吵人？蛤蟆依旧不招人待见，但蝌蚪倒是人人喜欢。夏日里，每至周末、假期，后山水塘边就三群五伙一丛丛的大人小孩。孩子们拿着红的绿的各色抄子，大人们捧着粉的黄的各色水桶，好不忙碌。每每看到这样的情景，我总会心生疑虑。一来这一塘的蛤蟆虽多，这样捞来戏去，终不致断子绝孙？二来这捞蝌蚪之趣，究竟是源于对这蝌蚪的喜爱？还是源于对蛤蟆的嫌弃呢？不知道。其实蛤蟆仔细看过，还是蛮可爱的。只是，需要喷了避蚊胺，耐心蹲下观瞧，方得其中的妙处。

中华大蟾蜍

中华大蟾蜍卵

中华大蟾蜍

蜜罐

小鱼文

地黄

　　初春时节，干涸的土地上开始萌动，长出来了不少野菜，早开的花也开始绽放。在这时的花当中，地黄算是比较常见的一种，小路边，荒坡上，四处都可以看到它们的身影。

　　比起早春的其他野花，地黄不像它们那么招摇。它不像二月兰和堇菜，一大丛一大丛地铺满大地；也不像迎春或者连翘，以耀眼的黄色，提亮了整个春天的色彩。地黄总是三俩一丛地倚在一起，默默地开放。以前看到这种其貌不扬还长着一身绒毛的小花，我经常不会那么留心观察。直到有一次，我和红隼去后山玩，他指着路边生长的一丛地黄对我说："这种小花很好吃，你知道吗？"

　　"啊？！"我有些惊讶，不解地追问，"这么多毛毛的花，怎么吃啊？炒菜吃吗？""当然不是，你把花揪下来一个，从后面嘬一下试试。"我满心怀疑地试着薅下来一朵小花，按红隼说的嘬了一下。"呦！甜的！"真有趣，这难道就是花蜜吗？我这样想着，又嘬了几朵。红隼告诉我，他小的时候在后山玩儿，也会经常这样吃花蜜。还问了我一个问题，地黄的花蜜，为什么长在这样的小管子里呢？我忙着找地黄花吃，一时也没想出来答案。

　　后来我再到后山，有时还会找一两个地黄吃，这也成了我去后山的一大乐趣。每到这个时候，红隼的那个问题就会浮现在我的脑子里。地黄为什么要长出这样的甜花？总不会是给人吃的吧，那它是干什么用的呢？这次，我带着这个疑问，又找到了一丛地黄，仔细地观察起来。看着看着，正当我又想揪下一朵花吃的时候，一只小蜂样的虫子从花里飞了出来。这一头撞出来的虫子吓了我

地黄花朵上的条纹，就是引导虫子采　地黄花里的小蜂
蜜的指路牌

一跳，也让我恍然大悟。这只小蜂一定是来采蜜的，在虫子爬进"蜜罐"寻找食物的时候，一定可以顺便帮助地黄授粉！我又仔细地看了一会，看到勤劳的小蜂不辞辛劳地进进出出，一会儿就飞遍了这丛地黄的每一个花朵，身上也沾满了黄色的花粉。

后来，我又从书上看到，原来地黄花朵不仅长长的管子是为了授粉，而且花瓣上"辐射"状的条纹也是为引导虫子找到花蜜而特别"设计"的，好像是路边的广告牌，刷着醒目的标语——"这里有好吃的花蜜！快来啊！"

水上漂

小 鱼 文

初夏，几乎是后山刚一放水的时候，池塘里就会多出一些长腿的小虫。我曾经问过红隼，他只说"我们小时候管它们叫卖香油的"。这个回答好奇怪，卖香油的小虫？难道这小虫能榨油？

水黾

这一年，水面上又出现了很多"卖香油的"小虫，我仔细观察了一下，它们并不集群活动，而是分散地漂在水面上。它们的行动十分优雅——只见它四条纤细的腿轻轻地浮在水上，若要行动时，就滑动这四条细腿，嗖的一下就可以蹿出一尺多远，连着划上几下就会消失在远处，水面上只留下一层层浅浅的波纹。

对于这些小虫，我一直搞不太懂，它们是昆虫吗？为什么看上去只长了四条腿？难道这是其他什么小虫？我也曾问过红隼，他总是卖关子，让我自己琢磨。

为了解决这个问题，我准备抓一只"卖香油的"仔细观察一下。找来捕虫网试了几次才发现这家伙实在狡猾，往往是我刚把抄子伸向水中，它们就一溜烟跑得老远。忽然，我想起了诱捕水里小鱼的方法，往水面上撒了些饼干屑，指望"卖香油的"可以像小鱼那样蜂拥而至，可没想到，等了老半天，它们却无动于衷。无奈之下，我只好沿着池塘溜达，看看还有什么机会。这时，我

正在交配的水黾

发现几只"卖香油的"聚在一起，只见它们围住一只在水面上挣扎的蜜蜂，似乎正在聚精会神地捕猎。

我想这下机会来了，于是拿出抄网一下捞出了这几只小虫。蜜蜂抓住了难得的逃生机会，一溜烟飞跑了，网里剩下几只"卖香油的"开始翻腾着逃生。我暗自发笑："别急，我就看看你们，然后你们就自由啦。"我抓出一只"卖香油的"，凑到眼前仔细观察。令我没想到的是，它们居然长着半透明的翅膀，而且它们同样有六只脚，只是前面的一对足伸在头的前面，不是很明显。这下我确定了，这些小虫应该还是昆虫，而且从它们翅膀叠在一起的样子，我猜这应该是一只半翅目的昆虫。回到家里，我翻了北京常见昆虫的图鉴，终于找到了这"卖香油的"小虫，原来它们叫"水黾"，的确是半翅目黾蝽科的动物。然而，这些小虫和香油到底又有啥关系？

水黾

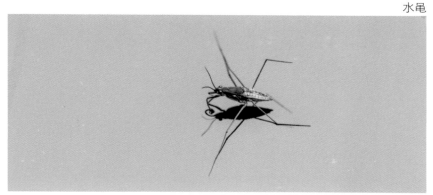

神秘的豁口

神秘的豁口

小鱼 文

夏末，天气似乎不再那么闷热潮湿，池塘里的青蛙、蛤蟆多了起来，我也常去那里拍摄它们。然而这一天，我来到池塘边，却被一片叶子上奇怪的豁口吸引住了。这是一丛长在水边的月季，刚才我只注意到身边的一片叶子上有一个"C"字形的大豁口，直径大概有一厘米，可我定睛一看，好家伙，这丛月季有好多的叶片都是这个样子。每一片叶子上少的有一到两个这样的豁口，多的甚至有三四个！这些豁口都非常"圆滑"，没有任何参差不齐的地方。

蔷薇切叶蜂正在啃切叶子

抱着叶子正准备飞走的切叶蜂

　　这会是什么东西干的呢？我猜应该是某种虫子吃掉了，于是就认真地在这些有豁口的叶子中翻找，可检查了几十片叶子，却没有发现一只正在吃饭的虫子。这是什么情况？难道这些虫子都跑了？正在我感到十分困惑的时候，一只蜂飞了过来。起初我并没有在意，反正月季也在开花，就是一只来采蜜的普通蜜蜂呗。可是，我没想到，这只蜂没有飞到花朵上，反而一下子冲到了一片还算完整的月季叶上。咦？它在干嘛？只见它一落在那片叶子上，就用两颗"门牙"开始迅速地啃开叶子，只几秒钟的工夫，这只蜂居然切下了一大片叶子，六条腿抱着飞走了！我转回头，看了一眼刚才被这只蜂啃过的那片叶子。哦！和其他豁口的叶子一样，原来这些叶子上的口子，都是这种蜂干的！

我在原地待了一会儿，又看到了好几只这样的蜂飞来飞去地切下叶子，又抱着飞走。这些蜂啃下这些月季叶子准备干什么呢？为了解开这个谜题，我跟踪这些蜂走到了不远处的一棵树下，看到一只蜂飞进了树上的一个小洞里去了。我往洞里一看，好么，里面正是成卷的月季叶。我仔细地查看了这棵树，上面还有不少这样的洞。这里是它们藏叶子的仓库吗？我用小树枝挑出了一个叶子卷，原来这个卷包着好几层月季的叶子，我小心翼翼地一层层剥开叶子一探究竟，剥开十几层叶子以后，我终于看到了里面的秘密！原来藏在里面的是一小滩蜂蜜，而蜂蜜里面有一颗虫卵！

这回我终于明白了，原来是这些蜂在树叶里产下了蜂卵，然后留下了蜂蜜，又在外面裹上了一层又一层的叶子，我猜等蜂卵孵化出了幼虫，它们就可以靠吃蜂蜜一点点长大。而外面的月季叶既可以保护幼虫，恐怕也可以成为它们继续长大的粮食。真是神奇的小虫！

壮 汉

小 鱼 文

中华木蜂

后山的大道边有一个房子，这间小房子似乎已经荒废了很久，很少看到有人进出。房子的门总是半掩着，里面漆黑一片，阴森森的。

有一次，我从这间房子边上走过，突然看到一个黑乎乎的东西嗡的一声飞了进去。咦？这是个啥？是个虫子吗？好大啊！我壮着胆子走进那个小黑屋，小心翼翼地推开那扇破木门。原来，这是一间储物室，里面放着一些扫把、管子什么的，墙角还堆着一些木板，应该是护林员存放的。

房间里没有灯，只有门口的一点阳光透进来。我依稀听到墙角那堆木板附近有嗡嗡的声音，于是摸了过去。可等我走过去，那个声音却消失了。整个屋子静悄悄的，我仿佛能听到自己砰砰的心跳。突然，有个巨大的虫子嗡的一声从木板里冲了出来，一瞬间从小屋里飞了出去。

好家伙！吓得我半天才缓过神来，这才意识到这应该是一只蜂，而且和以前看到的那些蜂不大一样，这只蜂长得十分雄壮，是个"壮汉"！可这位"壮汉"来这堆木头里干什么呢？慢慢地，我适应了房间里的光线，仔细地看了看木头。发现一块不大的木板上有一个小洞，大约有小拇指粗细。正看着，那只壮蜂又飞了回来，一头钻进刚才那个洞中。这时我明白过来，那个洞原来是"壮汉"的家。找到了"壮汉"的家，我对小黑屋的探索也暂告一个段落，很少再去拜访。

过了大半年，到了冬天。有一回我再次经过那里，想起了那位"壮汉"，突发奇想，打算去看看那块木板被蜂啃成了什么样子。于是我再次走进小黑屋，那块木板还在，静悄悄地摞在墙角。于是我捡起这块小木板，回了家，然后用小刀子把洞打开，一探究竟。

　　刚把小洞撬开两三厘米，就看到了一只巨大的蜂静静地缩在里面。这只蜂已经死了，我把这只蜂从洞里取出来，用手电往里面照了照，隐约在洞的深处看到还有一只蜂在动！原来这些蜂是在里面越冬，那我还是别继续探索为好，让它们回到小黑屋继续休息吧。想到这里，我把那只死蜂塞了回去，将那片木板送回了小屋。

　　"壮汉"们，好好休息吧，来年再见。

中华木蜂啃食痕迹

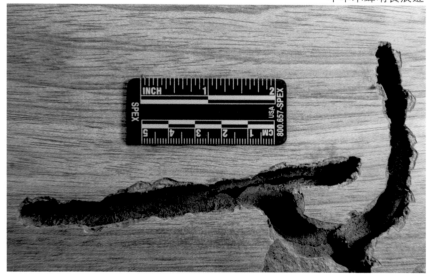

蓝色的闪电

红隼文

翠鸟 赵锷/摄

翠鸟，一种非常独特的鸟。青羽之雀者名之翠，翠鸟的名字古来有之。北京常见的翠鸟有两三种，大多数都非常漂亮。也许你对它们并不熟悉，但只听名字，你也一定可以猜到，它们是非常艳丽的鸟。在野外见到翠鸟，如果阳光灿烂，恰好你又有一部望远镜，相信你会被惊掉下巴——世间竟有如此精美绝伦之妙物。

翠鸟通常都不大，以捕食小鱼为生，总是伴水而居。早先，

翠鸟　赵锷/摄

我是没有想到后山这巴掌大的地方，居然能有这种精致的小猎手存在。直到有一年夏天，我正在大水塘边散步，只听见咻的一声，一道蓝色的电光穿过碧绿的荷塘。我心里一惊，直觉告诉我这一定是一只普通翠鸟。很多鸟的名字里都有"普通"这两个字，叫这个名字的通常也是这个类群比较常见、比较有代表性的。这个普通翠鸟就是这样的一种，它既是中国最常见的一种翠鸟，同时

也是非常漂亮的一种鸟。

翠鸟之美，尤以羽毛的色彩为甚。这些羽毛在不同的光照角度下，会变幻出由蓝至绿多种不同的结构色，甚是神奇。最近一段神奇的视频让"变脸鸟"成了网红，视频中一只小鸟不停地"变换"着羽色。其实，这种小鸟叫做安氏蜂鸟，其羽毛展现出来的颜色变化和翠鸟羽毛的变化是一个道理，并没更多奇幻之处。

由于翠鸟的漂亮羽毛，也为它们招来了杀身之祸。历史上，曾经用翠鸟的羽毛制成漂亮的饰品，这样的工艺被称为"点翠"。于是，很多的小鸟被残忍地捕杀，拔掉羽毛，用作点翠的原料。可喜的是，在 2021 年 1 月颁布的新版《国家重点保护野生动物名录》中，曾经因为点翠制品被捕杀的白胸翡翠也被确定为国家二级重点保护野生动物。

悬停在空中准备捕食的普通翠鸟

花大姐

小鱼 文

斑衣蜡蝉

提到斑衣蜡蝉很多人都会不认识，但提到它们的俗名——花大姐，一定无人不知无人不晓。每年七八月间，都是它们"大爆发"的时候。而今年，却很奇怪。从七月起，我就开始观察它们的动静，但往年它们经常出没的停车场的大树上今年却出奇地安静。除了零零星星的几只，没有了往年它们大规模集群的样子。之后的半个月里，我又好多次来到这里，也没有发现更多的花大姐。

一个月过去了，我还是惦记着找到成群的花大姐，这次我决定不去停车场了，准备去林子里碰碰运气。在林子里转了好久，终于在一棵椿树上找到了它们。在这棵不大的树上，足有二十多只花大姐。它们正在用自己长长的口器贪婪地吸着树皮里的汁液，还时不时地排出一些"水滴"。其实这些花大姐趴在树上的时候一点也不花，灰头土脸的倒是和树皮的颜色有点像。它们之所以有这个名字，是因为飞起来的时候会露出鲜红的内翅以及亮黄色的肚皮，这个时候会很"花"。

其实，花大姐不仅成虫花，就连"花小姐"——它们的若虫也很花。我原来不知道它们的若虫长什么样子，只是觉得挺奇怪，为什么没见过小号的花大姐呢？后来红隼告诉我，它们的若虫就是那些一身白点点，像超微型小青蛙的小虫。这些小虫起初是黑色的，身上白色的小点，算是素色的花小姐，蜕几次皮以后就会换上鲜红色的外衣，变成艳丽版花小姐。也因为这件事，我一直很不解，它们从若虫到成虫，为什么都那么花呢？

直到有一次，我在观察一只花大姐成虫时，也许是惊到了它，它突然飞了起来，鲜红亮黄的嗖地冲了过来！这一飞，倒是把我吓了一跳。这让我猛地想起，很多有毒的动物都会长得很鲜艳。那么斑衣蜡蝉会不会也是为了吓唬吃它的动物才长成这个样子的呢？嗯，有了这样的警戒色，别的动物就不会吃它了吧。

斑衣蜡蝉若虫

斑衣蜡蝉

变形记

小　鱼　文

　　青蛙是从蝌蚪变的，这是个尽人皆知的事情。然而，从小小的一颗蛙卵再到像鱼一样游来游去的蝌蚪，再变成只在岸上蹦来蹦去的大青蛙，期间它们的样子发生了翻天覆地的变化。如果我不知道那个尽人皆知的事实，我真的想象不到青蛙和蝌蚪会是一个动物。于是，我想认真地研究一下后山的青蛙们。

　　春末夏初的一天，我在大水池上的小桥上看到水里除了芦苇之类的植物以外，还多了四五堆白色的东西。我猜，那就应该是蛙卵了吧？可惜太远了，我看不太清。于是我穿了雨靴蹚水凑了过去。走近一看，这些蛙卵像一些透明胶水粘成的果冻。大多数

蝌蚪

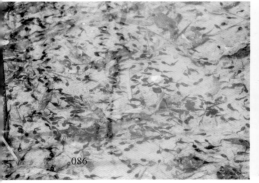

黑斑侧褶蛙卵即将孵化

的蛙卵里还是黑色的芝麻点，而有些似乎已经有了一点儿蝌蚪的样子，虽然还没有长出尾巴，但蛙卵的黑色部分开始变成了黑米的样子。看样子再过一段时间，蝌蚪们似乎就可以孵化出来了。

前段时间作业有点多，没腾出时间去后山看蛙卵，可是我心心念念着它们。这天终于有了半天时间，我赶紧跑去后山。好家伙，大水池里已经成了蝌蚪的天下，随处可见它们一群群聚在一起，摇摆着尾巴四处游动的身影。我仔细看了一下，原来它们的形态也是各种各样，有的只长着尾巴，有的已经在身后长出一个小芽样的后腿。我挑了一只后腿更明显的蝌蚪，用抄网捞出来仔细看了看，发现它的后腿已经和青蛙的非常像了，就是缩小了很多号而已。又过了几周，我再去看它们时，蝌蚪们大多后腿已经长得老长，但还会用尾巴游动，身体也更像蝌蚪而不像青蛙。不久后，等我再次来到这里，发现水里的蝌蚪少了很多。我猜，它们恐怕已经都变成了青蛙了吧？可是，变成青蛙以后，怎么感觉它们似乎消失得无影无踪了呢？

还没有褪去尾巴的黑斑侧褶蛙

黑斑侧褶蛙

　　直到夏季的一天，我和红隼去后山夜观，当我们走到水池边，终于再次遇到了我们期待已久的青蛙们。好家伙，青蛙们一发现我们靠近，就噼里啪啦地纷纷跳进池塘，好不热闹。好容易碰到几只有点懒惰的家伙，我仔细地看了一下，它们不仅变大了，而且身体也变成了棕绿色，尖尖的脑袋，大大的眼睛，比蝌蚪时俊秀了很多。

　　从蝌蚪到青蛙，我原来认为它们的变化是那么的不可思议，但通过观察，我发现生命的成长不存在一蹴而就的飞跃，中间会经历许许多多渐变的过程。打那以后，我和红隼还在后山看到了中华大蟾蜍和北方狭口蛙两种不同的蛙类，可不管怎么看，当我再次看到蝌蚪，我都会感觉，其实它们和青蛙长得还是挺像的呢。

北方狭口蛙

八脚怪

红隼 文

后山上的络新妇 雌蛛（大）和雄蛛（小）

蛛网上的络新妇

仲夏，后山成了各种生物狂欢的乐园。各种生命都在利用这段一年中阳光雨露最丰沛的时光，努力地生长着。在繁茂得有些密不透风的树林里、灌丛间，经常会看到一些交错的蛛网。清晨里，蛛网上挂满晶莹的露珠，仿佛是串满珍珠的纱衣。我记得86版西游记里，有这么一集，唐僧师徒四人就被蜘蛛精用蛛网织成的罗网抓住，还记得小时候看到被蛛网吊起来的八戒，总会忍俊不禁。

在后山，也有这么一种蜘蛛，是结网的高手，虽不至于抓了八戒，但也确实可以抓住很多体型巨大的昆虫。如果你稍微留意，在后山很多荆条灌丛里，都会有一些看上去乱七八糟的巨大蛛网。而在这些蛛网上，经常能看到一些身体黄绿色、夹杂着少许红色斑点的大蜘蛛，它们的名字叫做络新妇。不知道你听到这样的名字会有什么样的感受，会不会生出很多疑问？蜘蛛为什么起了这样一个名字？"络"——缠绕也，"新妇"——年轻的女子也，从字面上理解就是一个会缠绕（结网）的年轻女子之意，听上去还挺美好。但究其源，就不那么美好了，这个名字源于一个日本妖怪的传说。据日本人鸟山石燕在永安年间所著《画图百鬼夜行》

所记，"络新妇"是一只化形女子的蜘蛛妖，如果哪个男子与其幽会，三日之内便会被她杀死吃掉。

听上去这实在是个令人咋舌的妖孽，可是这个故事却不完全是个传说。不要担心，我倒不是说这世上真有什么妖魔鬼怪，而是要真心赞叹这位鸟山石燕先生的观察力和想象力。我们仔细来看看前面那张图（篇名页中），看到这只巨大的蜘蛛身边还有一只"小蜘蛛"了吗？千万别认为这是一只年幼的蜘蛛，或者是另外一种蜘蛛。它同样也是络新妇，只不过是一只雄性个体。你可能想到了，那只体型硕大的，就是雌性络新妇。而这只雄蛛之所以出现在这里，就是为了择机与这位"心上人"交配。为什么要叫"择机"？还记得络新妇的传说吗？没错，就是因为在交配的过程中，稍不留意，这位新郎就可能被新娘"不小心"吃掉！

这下你了解了"络新妇"这个名字和这种奇怪的蜘蛛了吧。好了，其实蜘蛛是一类很有趣的小动物，有机会我再给大家讲关于蜘蛛的故事吧。

粒隆头蛛

条华蜗牛

水妞儿水妞儿

红隼 文

　　"水妞儿，水妞儿，先出犄角后出头……"不知道如今北京城还有多少小孩子知道这首儿歌。在我小时候，这儿歌以及这首儿歌的主角——蜗牛，可是孩子们再熟悉不过的了。记得那时，家家住的大都是平房，我家住在那种单位统一盖的宿舍房里，一排排的。一到夏天，尤其是雨后，孩子们就会在房前屋后寻找蜗牛。那时我们总是不厌其烦地一次次用草棍触碰蜗牛刚刚伸出来的"犄角"，看它们突然收回，然后再慢慢伸出。有时候动作粗暴了一点的，蜗牛会整个缩回壳里，我们就等着它们再湿漉漉地探出头来。碰到性急的孩子，还会不耐烦地把退到壳里的蜗牛丢进一旁的小

蛞蝓

交配中的条华蜗牛

水坑，这样的话，它们会"很快"再爬出来。孩子们就这样乐此不疲地和蜗牛玩儿上大半天，直到爹妈吼回家去吃晚饭。

　　而在我的"蜗牛记忆"中，后山上一处破败的矮墙里，则藏着属于我的"秘密宝藏"。那是一片用大块的岩石堆砌而成的护坡，由于年久失修，石缝间的水泥大块地脱落，形成了很多巨大的缝隙，而其中就藏着特别多的蜗牛。在小的时候，我似乎对各种数量多的东西都会觉得特别的"高档"，像个收集控，第一次看到那么多蜗牛，感觉仿佛挖到了地主老财的金银珠宝般兴奋。

　　记得那时候睡觉做梦都会经常梦到我的蜗牛洞宝藏，怕梦里也要乐得合不拢嘴吧。长大以后逐渐忘却了水妞儿的乐趣，直到小鱼出生、长大，倒是因为陪着他开始重拾这儿时的童趣。只是这一次，倒也更"科学"地关注起蜗牛们。这才发现，原来后山的蜗牛并不止一种，常见的就有条华蜗牛、巴蜗牛、田螺等不同的种类，童年记忆里另一种有趣的"小虫"——鼻涕虫，竟也是蜗牛的近亲。这些我们既熟悉又陌生的动物，竟然也和我们一样是用肺呼吸的！难怪小时候把它们丢进水坑里它们会迫不及待地爬出来。

　　还有一次，我们近距离地观察到蜗牛交配的情形，这才了解到它们居然是"雌雄同体"的动物，而在交配时，它们会互为雌、雄个体，异体受精……随着我和小鱼对这些湿漉漉的小动物的更多观察，它们身上更多神奇和有趣的故事在不断地给我们惊喜，但我依然会和小鱼一起，揪一根草棍，拨弄它们的"犄角"，看它们缩回去，又伸出来，仿佛回到了童年。

巴蜗牛

红脖子的小青

小鱼 文

虎斑颈槽蛇

　　有一次，我去后山玩儿，刚走到湖边的小木桥，突然听见前面人声鼎沸，赶忙跑了过去。刚跑了一半，我听到杂乱的人群里有人在喊"蛇蛇蛇！有蛇！"一听到这个，我更乐了，我兴冲冲地挤进人群。只见一条两尺来长的蛇正在水里游着，在人们的惊呼声中，这条小蛇一溜烟游走了，水面上留下一串波纹。

　　这是我第一次在后山上遇到活着的蛇，也是唯一的一次。和很多人不同，我不但不害怕蛇，反而非常喜欢这种动物。印象里，在后山看到的这条蛇大部分的身体是绿色的，背部有黑色的斑点。而身体的前面是橙红色的，这里长着更粗重的黑色斑纹，红、黑、绿三色交织，对比非常明显。后来，红隼告诉我这是一只虎斑颈槽蛇，是种性情温顺的低毒小蛇。

　　人们对蛇经常有一种深深的恐惧，认为它们很凶残，一旦被

咬就可能会被毒死。红隼告诉我，人类对蛇的恐惧是"写入基因"的，也就是人们从生下来就会对蛇感到恐惧。其实，我真觉得这是个天大的误会。由于我喜欢蛇，就很喜欢和红隼在野外观察蛇类，以我的观察，就拿北京来说，更常见的锦蛇类动物大多是些性格温和羞涩的动物。它们并不喜欢主动攻击人类，只要不把它们逼到角落无处可逃，它们大多会选择悄悄地溜走。就算是虎斑颈槽蛇和赤练蛇这种鲜红鲜红看上去挺吓人的蛇类，也只是长个唬人的样子，其实也不是啥太厉害的家伙。

　　不过，虽说北京的蛇类大多是比较温和的无毒或者低毒蛇，但也确实有真正的狠角色。比如其貌不扬的蝮蛇，别看它们灰头土脸，个子也很小，但却是北京最毒的蛇类。如果被它们咬伤，可是要尽快救治的，否则重者会有生命危险的。

虎斑颈槽蛇

北京最危险的毒蛇之一——华北蝮

王锦蛇

　　所以，如果我们真的在野外遇到蛇类，最好的办法还是悄悄地走开，不要恐吓它们，更不要用棍子石头驱赶它们。学会和这些没有腿的小动物友善地相处，你会发现它们更多有趣的地方。

蚯蚓

耕　者

红隼 文

　　"蚓无爪牙之利，筋骨之强，上食埃土，下饮黄泉，用心一也。"这是一句我们都很熟悉的名言，出自战国时期儒家最后一位大师荀子的经典——《劝学》。上学时读到这一句时就非常感概，倒不是赞叹蚯蚓有多么专心，而是纳闷这软塌塌的小虫，究竟如何练就了往来穿梭于地下的神奇功夫。

　　这是个困扰我很久的问题，更小的时候记得学校里上生物课，我就曾经想借助解剖课一探究竟。结果课堂上老师没带着我们找寻蚯蚓钻洞的奥秘，只讲了些什么环节动物、生殖带、刚毛、沙囊啥的，真把蚯蚓钉在蜡盘里剖开来之后，也只记得湿哒哒、黏糊糊的泥巴……

几十年后的今天，记忆已经模糊，疑问依然存在。一天和小鱼聊起这事，他也对蚯蚓很感兴趣。回想起来，我俩居然还没一起观察过蚯蚓！说干就干，于是，这天拉上小鱼一起去后山再探究竟。咦？好怪，印象里后山的土地上应该会有很多的蚯蚓粪便，可这次我俩转了好半天，居然一堆蚯蚓的粪便都没有看到。真是怪事情，印象里我小时候蚯蚓多的是，我和小伙伴还会挖蚯蚓来当鱼饵去钓鱼。我记得有两种蚯蚓，一种是红色的，很细，这种鱼儿会比较喜欢；而另一种是青色的，很粗，有一股臭味儿，鱼不吃。现在可好，啥都没有了。

我俩开始环顾四周，发现脚下的这片土地并不那么"单纯"，干干净净的土地只有几十平方米，周围则被一圈石头路、水泥路

包围着，中间还嵌着一条弯弯曲曲的小路。望向更远处，柏油的马路和房屋则覆盖了更多的土地。我猜，蚯蚓再如何"用心专一"，怕也搞不定这砖石水泥吧。再记起夏季雨后，困在水泥地面挣扎求生的蚯蚓，以及被骄阳晒成干尸的蚯蚓……我真为脚下的土地深深地感到忧虑。没有了蚯蚓的耕作，土地会变得如何贫瘠，那里将不再是允许生命生存在的地方，而生长在这里的我们，真的可以独善其身吗？

又是一个雨后，我走在后山湿漉漉的小路上，一只手掌般长的蚯蚓扭曲着，被困在高大的马路牙子脚下，黏糊糊地扭作一团。我伸出手，轻轻地把它捡起，帮它回到小草生长的地方。希望未来，它不再困于钢筋水泥的丛林，我们也可以不要硬化更多的土地。耕者有其田，不只是人类的梦想。

没有蚯蚓的耕耘，春芽怎会破土而出

秋黄

魔 王

红隼 文

　　北京大致有三种比较常见的原生松鼠，它们是花鼠、岩松鼠和松鼠。在后山遇到松鼠是几年前才有的事情，更早的时候是不曾见过的。大概是五年前，有一次，我和小鱼上山玩儿，在制高点下面的树林里，看到了一只死去的松鼠。这是我第一次在后山看到松鼠，之前确实也观察过松塔被它们啃食过的痕迹，但一直没有亲眼见过，这一次是确认了，只可惜它死掉了。

后山上死去的松鼠

花鼠

岩松鼠

　　我和小鱼还讨论了它死去的原因，最后的结论是——这是在冬天，这只松鼠可能是食物短缺，饿死的。我想，这恐怕也是更早的时候，后山上没有松鼠的原因。我小的时候，后山基本上是一座"荒山"，只有一些杨树、榆树、酸枣、构树啥的。大面积的刺槐、松柏是后续种在山上的。而这些松树的种子，是很多松鼠的食物，没有它们恐怕这些活泼的小动物也无法生存。这些年，后山上的松树渐渐长大，有不少会结出挺像样的松塔来。小鱼曾经敲碎过一些比较大个的，实践证明，里面的确是有松子的。我们也见到过不少被啃食过的松塔。其实很多啮齿类动物都会啃食松塔，比如褐家鼠这类"老鼠"遇到了也经常啃着吃。但老鼠啃过的松塔会很光滑，和松鼠啃过的不大一样，以后再遇到的时候可以观察一下。后山上松树越长越高，想想以后这些松鼠的日子也会越来越好吧。

　　松鼠人见人爱，便会有人想把这些小可爱养起来。殊不知这些松鼠可都是些极能折腾的家伙，是地地道道的魔王。如果被圈养起来它们会变得更加疯狂，到处乱窜，还见啥啃啥。记得从前还见过有人在笼子里面挂一个圆形跑步笼的，松鼠会爬到里面狂跑，跑步笼便会飞快地转。唉，想想可能是它们快被逼疯了吧。你说如果被关起来，恐怕任是谁也会抓狂吧？何况是急性子的魔王。

北松鼠

大眼睛萌哒哒

红隼 文

　　很多人不喜欢蜘蛛，感觉它们丑陋、毒辣，是阴暗、邪恶的化身，其实这真是对蜘蛛的大误会。我本想在这本书里给蜘蛛们"平反"，却又没忍住在前面给大家讲了"络新妇"的故事，大家听了可别

丽亚蛛

更加深了对蜘蛛们的厌恶。好吧，接下来这个故事，我就来聊聊蜘蛛们有趣、可爱的一面。

　　蜘蛛是蛛形纲的节肢动物，这是一个相当古老的动物类群。与体态相似拥有头、胸、腹三个体节的昆虫不同，蜘蛛只拥有头胸部和腹部两个体节。同时，蜘蛛也没有许多昆虫头顶上复杂的复眼，它们大多只在头部长着八或六只单眼，这些眼睛有大有小，通常成对排成两列或围成一个圆圈，这个区域叫做"眼区"，是蜘蛛分类的一个重要特征。与昆虫类不同的是，蜘蛛们大都还有着另一个绝技，就是它们当中的大部分都会结网，这是因为这些蜘蛛都长着纺器，可以将分泌的 α - 角蛋白质与空气结合，瞬间

跳蛛

跳蛛

形成各种类型的蛛丝。但是并不是所有的蜘蛛都靠蛛网来捕猎，有很多蜘蛛是不依靠蛛网捕捉猎物的，比如这只大眼萌萌的蜘蛛。

　　怎么样，是不是看到这样的一只蜘蛛，瞬间改变了你对它们的"不良印象"呢？这种大眼睛蜘蛛通常会是"跳蛛"或者"蝇虎"。这样的俗名为我们提供了两条重要的信息：第一，它们是捕捉苍蝇的小能手；第二，它们会跳。没错，这类跳蛛发现猎物之后，通常会观察猎物的动态，如果猎物在吃东西或没有注意到它们，这些小猎手就会以极快的速度闪动，逐步接近猎物。这个过程可能会需要挺长时间，只要猎物稍有察觉，跳蛛就会一动不动地用两只大眼睛盯着对方，等到对方放松警惕，然后再次闪动一下，直到它们进入伏击距离，跳蛛就会一跃而起，扑住猎物，用自己有毒的螯注入毒液，直到猎物无法动弹，再开始大快朵颐。

　　跳蛛科的蜘蛛也有纺器，但它们的蛛网通常只用来筑巢和包裹卵囊。像狼蛛这类蜘蛛，也不善于用蛛网捕猎，有的只在捕到猎物后临时捆绑它们，有的会用蛛网编个育儿袋绑在身上照看幼蛛。关于蜘蛛的有趣话题还有好多，最后补一句，虽然绝大多数的蜘蛛都有毒腺以及可以注射毒液的螯，但只有极个别的蜘蛛对人类有较强的毒性。所以，我们不用过于恐惧，而且蜘蛛大多数都是非常胆小的小动物，只要我们对它们多些了解，多些尊重，完全可以发现它们更多有趣、可爱的地方，与它们在大自然中和平共处。

嗡嗡嗡

小鱼 文

　　入秋，人们最痛恨的虫子怕就是蚊子了。俗话说："秋后的蚊子——紧盯！"到了这个时候，只要你走进后山，立刻就能感觉到一群"蚊子大军"正在逼近你，它们就"嗡嗡嗡……"呼啸着在你周围飞旋，一刻也不停歇。只要你稍微停下脚步，用不了两秒钟，你身上一定会多出几个大包，让你痒上好几天。

　　在这段时间里，钻入后山的林子更是一场十足的噩梦。在夏天里，我喷两下红隼的"强力"避蚊胺，基本上可以安然无恙地

淡色库蚊（注：图片使用标本摆拍）

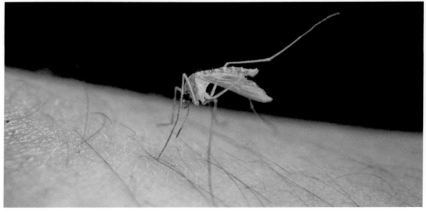

在树林里观察、拍照。可到了秋天，就是把药水涂满全身，只要停下来，那一定是损失惨重，就算你轰开一片，马上就会再冲上来一片，对你展开车轮大战。唉，蚊子真是太讨厌了。

可是，当我抬起头，看看天空中的燕子，低头看看水里的鱼，或者再听一听池塘里的蛙鸣……我忽然又转念一想，我要是问问它们，是否也讨厌蚊子？我相信它们一定和我的看法会大有不同，它们一定会说："蚊子有什么不好，我还嫌它们太少，不够吃呢。"我想，后山上喜欢蚊子的动物没准儿比讨厌它们的还要多。比如织网的蜘蛛，在空中抓蚊子的燕子，夜里出来捕食的夜鹰，水里生活的小鱼、蝌蚪还有水蚤，怕都会以蚊子的幼虫——孑孓为食吧。这么想来，我好像开始理解蚊子们了，它们也是大自然的一部分，是后山生命大网中不可缺少的一员。何况，后山上真正咬人的蚊子也就那么两三种，还有那么多有趣又好看、也不咬人的蚊子存在。嗯，蚊子其实也没那么讨厌。

我低下头，又挠了挠刚被蚊子叮的大包，突然觉得，被咬了一个包，也挺有趣的——这不就是把自己的一部分又交换给了大自然的其他伙伴吗？这一滴血，也许会变成明天的一只孑孓，后天的另一条小鱼，在池塘里自由地游啊游。

孑孓　小鱼／绘

移动的树棍

小 鱼 文

　　初秋，后山林荫大道两边的杨树上，叶片已经开始变黄，眼看就要开始落叶了，而更远处的构树林却还是郁郁葱葱。我走着看着，面前出现一棵大的构树，横着向路上伸过来。我继续向前，刚要绕过去，突然看到它碧绿的叶片上有一个小棍子在慢慢移动。

　　我走过去凑近看，这是一只极瘦的虫子，瘦到拿"柳叶尖尖"来形容它都不够贴切了。它细得仿佛一段小树棍，而六条腿就像是头发丝粘在了身体上，非常像超级微缩版的竹节虫。可是，竹节虫应该是南方才常见的昆虫，后山上难道会出现吗？我兴奋极

垂胁跷蝽

了，感觉又在后山有了重大发现！

　　我又在周围转了转，仔细观察这只微缩版"竹节虫"，发现它长着一对翅膀，并且相互重合。这个样子有一点像蜻，而不像竹节虫了。这让我有一点失望，但总之，发现一种之前红隼在后山上没有记录到的昆虫，应该还是件开心的事情。回到家里，我翻了翻虫子的书，很快在半翅目的部分找到了它——垂胁跷蝽。原来如此，回忆刚才看到的虫子，它还真像是踩了一副又细又长的高跷呢。

　　后来有一天，我和红隼一起上山拍小虫子，又来到了那一片构树林里。我正在拍摄，红隼突然喊我："鱼！这有好虫子！"我听了这话，赶紧跑了过去，走近一看，正是那种小虫子。还没等我说话，红隼又说："你看它像不像迷你版的竹节虫！""嗨，这哪是啥竹节虫啊，它的名字叫垂胁跷蝽。"我不无炫耀地回答道。"什么？这是蝽？！""可不？不信你仔细看看。"见到他一脸迷茫，我心里都有些飘了，"是啊，难道你不知道吗？哈哈哈！"

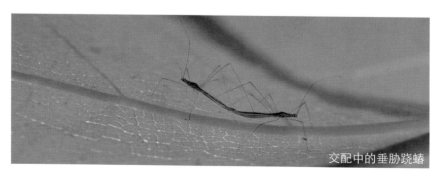

交配中的垂胁跷蝽

老天饿不死瞎家雀

小鱼 文

麻雀 大好／摄

　　麻雀在后山的数量恐怕是鸟类中最多的了，多到每一次去都能看到一堆，想看不见都很难。感觉后山上有一半以上的鸟类都是麻雀！在这一片小山包上，居然可以生活着这么多的麻雀，实在令我觉得不可思议。

　　后山上的麻雀这么多，这让我十分困惑。因为后山上有许许多多麻雀这么大的小鸟，比如金翅雀、燕雀、沼泽山雀等等，但它们都数量有限，不那么容易看见。那为什么偏偏有这么多的麻雀呢？

　　我猜麻雀数量多一定和它们"能吃"有关系。麻雀食性很杂，能吃很多种类的食物，小虫、草籽都是它们的食物，甚至很多的麻雀在垃圾堆里也能翻出它们的佳肴，感觉就没有什么它们不吃的。

　　而且，比起草籽，它们似乎更喜欢吃人类带来的各种食物。后山上有几处给流浪猫狗喂食的地方，总有些人往那里倒上剩菜剩饭给它们吃。而这一举动似乎也没让更多的猫狗衣食无忧，倒是让麻雀们捡了便宜。每次路过那里，猫狗没见过几次，倒是总有数以百计的麻雀狼吞虎咽地埋头狂吃。我想，有了这"取之不尽"的狗粮，后山上的麻雀们应该不会再为食物发愁了吧。

　　要想长久地吃到人类的美味，光有一个杂食的肠胃还不行，还得近距离和人类接触才行。可能这才是其他野鸟吃不上人类大餐的原因吧。在这个方面，整个后山，恐怕只有灰喜鹊和喜鹊能和麻雀一较高下。

　　什么都吃，什么都敢吃，这恐怕就是麻雀的生存之道吧。

臭大姐

小　鱼　文

　　说到臭大姐，似乎很多人都很熟悉——就是那种不小心踩一脚臭烘烘的虫子嘛。其实它们是几种常见的半翅目的昆虫，包括麻皮蝽、茶翅蝽等。它们数量众多，尤其到了每年秋天，都是这些蝽类大爆发的季节。如果这个时候，我要和红隼去后山，那可要随时留意，没准儿什么时候就会有一只臭大姐飞过来落在身上、背包里，甚至口袋里，稍不留意，就会把它们带回家里。这会儿的麻皮蝽之所以这么"粘人"，其实是它们在做越冬的准备。为了度过即将到来的寒冬，这些不起眼的小虫会想尽一切办法钻到温暖的地方躲起来。说来也真是有趣，从秋天到冬天，都会时不常有一些臭大姐被我发现，"请出"家门；可到了春天暖和了的时候，还是会有几只神奇地从沉睡中苏醒，慢慢地爬出我家，重回大自然。

　　老是听说臭大姐奇臭无比，可却没闻到过，我终于下定决心试试。我找到一只麻皮蝽，用手指朝它的翅膀上戳了两下，果然空气里飘出了些奇怪的味道。可出乎我的意料，这个味道似乎也没有想象中那么臭，并不是我想象中的那种味道，闻上去还有一种香菜的味道。回来以后，我把这个事和红隼说了。他听了也笑着说，他以前特别不喜欢吃香菜，也是感觉臭大姐和香菜一个味儿。

　　后来，我还专门找来几根香菜，攥在手里搓碎了，仔细闻了闻，确实和臭大姐的"臭味"非常像，简直没个两样。难道香菜和麻皮蝽会有什么联系？于是，我认真查了查资料，发现它们的气味还真的来源于相似的不饱和醛类物质。哈哈，别问我这到底是什么物质，我也说不明白。总之，我终于理解了红隼会说"从前让我吃香菜，简直就是逼他嚼臭大姐"。要说人们也真奇怪，分明是来自同一种物质带来的气味，可为什么放在菜里面就成了"香"字，而放在小虫身上就成"臭"了呢？而且为什么有那么多的人喜欢香菜，却讨厌臭大姐呢？真想为这些小虫打抱不平。

茶翅蝽

拔根

红隼 文

高大的加拿大杨

对大树最早的印象应该就来自大杨树——加拿大杨。小时候路边、学校里、房前屋后的空地里很多地方都种着加杨。到今天，后山上能见到的最高大的一些大树也都是它们，最大的一棵将近三十米高，胸径达到了七十五厘米，大概有八十岁了，像小鱼这样的小朋友需要两三个人才能合抱。

春天里，随着第一场雨的落下，加杨会长出一簇簇的毛毛狗，那是加杨开了花。加杨是先花后叶的树木，这有一点像山桃，可是加杨绝没有那么绚烂的姿色，有的倒是春天的味道。这是真正的味道，合着泥土的香气，在雨后会被加强，闻起来有淡淡的甜味。说来，"甜"应该属于味觉的感知范围，不应该靠鼻子分辨的，可我的的确确觉得毛毛狗的味道有那么一点"甜"。毛毛狗是可以吃的，包饺子吃。小时候，很多人在雨后从地上捡刚掉下来的毛毛狗来吃，我家也吃。可能是北方人的口味比较偏咸，对于有这种淡淡甜味的食物并不是太感兴趣，所以也就是偶尔尝尝鲜。但"甜"味的印象是深刻的，可以靠鼻子分辨。

毛毛狗季节过后，加杨的枝头会长出嫩绿的叶子，那是春天里一份绿色的印象。那时候最喜欢杨树的地方就是它巨大的叶子了。夏天里它们会带来最好的阴凉，而到了秋天，杨树巨大的叶子会给男孩子们带来秋天里最有趣的游戏——拔根。每到这个季节，男孩子的臭球鞋里都会塞满"拔根儿"，也就是杨树叶子又长又粗的叶柄。我们会从落叶堆中挑选最大的叶子，把枯黄的叶片捋掉，留下根儿也就是叶柄，塞到球鞋里"养"。其实就是让

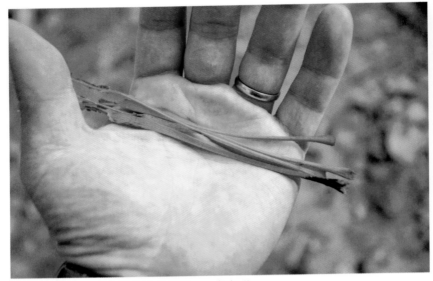

小时候秋天里男孩子最喜欢的玩具——拔根儿

根儿可以缓慢地脱水，变得更加坚韧。然后两个孩子用这些根儿交叉起来互相拔河，看谁能把别人的根儿拔断。说起来十分简单的游戏，那时候却是我们的最爱。为了获胜，甚至还会演化出"夹心儿""掐根儿"等等玩儿赖的小把戏……想想真是有趣。

如今，把毛毛狗捡来吃似乎很少见了，连拔根儿这么有趣的游戏都没人再玩儿了。哪天有空了，和小鱼玩玩吧。

会爬的便便

小 鱼 文

　　后山大草坪的东边，有一片清幽的小树林，浓密的树荫下，一条羊肠小道贯穿其中。虽已入秋，但后山上还是秋老虎的天下，走到大草坪已经是满头大汗，正好钻到这片林子里清凉一下。摆脱了骄阳的炙烤，我突然在小路旁发现了一棵树皮发黑的大树。这棵树虽说也不小，但估计是因为生长在这昏暗的小山谷里，树皮又是黑色的，所以此前没有留意过。我很好奇，于是便走近那棵树。

臭椿沟框象

臭椿树皮上的臭椿沟框象

    我走近"黑树"，仔细看了才发现这是一棵臭椿，树皮上好像还落了一些鸟屎。正准备拍张树皮的照片，却发现这些"鸟屎"居然爬了一下。我吓了一跳，仔细一看，原来这不是什么鸟屎，而是一只黑白相间的甲虫。它们1厘米左右，长着圆圆硬硬的鞘翅，上面还密布着很多小坑，刚刚爬了一下以后就一动不动地趴在了树皮上，看上去非常不起眼。

    显然这是一只甲虫。但是，是只什么虫子呢？我蹲下来，把目光聚焦在这只"会爬的便便上"。又过了半天，这坨"便便"又舒展开来，开始爬行。这回我看清了它们的"脸"，原来这只甲虫长了一个长鼻子，那它应该就是一只象甲了。我又左右看了

正在交配的臭椿沟框象

看这棵黑树，这一看发现了更多这种甲虫，它们就趴在树皮上。由于这些臭椿黑色的树皮上还长了些浅色的地衣样的东西，这就让这些身上长有鸟屎一样斑点和形态的象甲，可以很好地隐藏在这里。

这些象甲胸甲和鞘翅的末端基本上是白色的，其他部分主要是黑色的，里面掺杂了一些白色的斑点。这些白色斑点的位置好像没什么规律，就这么乱七八槽地长在鞘翅上，就好像每只虫子都穿上不一样的"臭椿专用迷彩服"。我想，这也许是一种隐蔽的手段吧，这样一来它们的天敌应该就看不到它们了。

小小的一只象甲，完美地拟态成了一坨小鸟的便便，真是太奇妙了。

耳萝卜螺

大蜗牛

小鱼 文

　　后山的水池里有好几种螺，其中有体型扁平的白色螺，还有土黄色带绿色斑的螺，还有一两厘米的小田螺，最显眼的是一种体型巨大的螺。

这些螺大的有四五厘米，小的也有两三厘米。春天后山刚放水不久，它们就会出现，这时的它们，好像刚刚从泥土里复苏一样，开始出现在水池里，身上沾满了脏乎乎的泥土。到了夏天，田螺们喜欢生活在靠近岸边的泥地里。这时候，田螺的身上已经没了那些泥土，但经常是长满了又黑又绿的藻类，乱七八糟一堆，远远看过去犹如一个个破旧的网球丢在水里。如果你离近了观察，运气好的话会看到它们从毛茸茸的螺壳里慢慢地伸出两条长长的触角，然后靠着厚厚的腹足在水里爬行。肉乎乎的身体，再加上身上的绿毛，让它们显得格外可爱。

秋天里的一个下午，我突然想到了一个问题——田螺这么可爱，它们冬天会藏在哪里呢？会不会藏在土里或石头缝隙里呢？要不我找一只养起来观察一下吧。于是，我从后山水池里找来两只大田螺，放在了家里的鱼缸里。为了让它们不至于饿死，我还捞出了不少水藻放在缸里；为了让它们吃好喝好，我又放了些菜叶。起初的一段时间里，这两只螺还挺活跃，整天在缸里面爬来爬去，看上去生活得不错。过了一个来月，天气转凉，我发现

螺

这两只螺开始变得很懒散，整天趴在那里一动不动。我想，难道它们这是准备越冬了？它们不找个地方藏起来吗？水缸里虽说没有那么多泥土，但总有几块石头，它们总可以躲藏一下吧？

　　怀揣着各种疑问，我耐心地等待着它们的变化。可是一连几天，它们还是纹丝不动。又过了几天，水缸里变得越来越浑浊，甚至都开始发臭了。我这才反应过来，原来这两只螺已经死了。我只好把它们全都倒掉。真可惜，可为什么它们会死掉呢？它们究竟是怎么度过寒冬的呢？我想它们死掉还是因为离开了生活的环境，看来它们越冬的秘密，也许只能回到后山上去寻找答案了。

螺

红果子

　　秋天，我和红隼到后山去看鸟。走进树林，喜鹊喳喳叫着在山楂树上啄食着果子，地面上灰喜鹊也在忙碌地翻找着散落在地上的山楂，一片收获的景象。这时，我在这片山楂的外围，意外

灰喜鹊取食构树果实

127

构树果实

构树雌花

地发现了另一种红色的小果子。远远望过去，它们就和普通的山楂差不多大小，颜色偏橙黄一些。但看看长着这果子的大树，我一眼看出这绝不是山楂，显然属于另一种植物。

　　我走到近前，发现这树的叶片很有趣，叶子很大，却不对称，上面长着大小不同的"缺口"，叶子上面还长着短小的毛。通过这个叶子，我认出来，这是构树，在后山上很常见的一种树。看来这红色的果子是它们的果实。

　　只见它们一个个红红的，但不像山楂那样是个光滑的小球，而是一根根橙红色的小肉棍从一个小球上长出来。整个果子有点像大号的杨梅，看上去让人口水直流。"这么好看的果子能吃吗？"心里想着，我随后问了红隼一句。"你试试呗。"听了红隼这么回答，我明白了，这东西估计是能吃的。于是，我揪下一颗果子，

构树雄花

塞进了嘴里。构树的果实很甜，但汁水不多，没嘬出什么就剩下一个小球，硬硬的。"怎么样，好吃吧？"红隼微笑着看着我说。味道的确还不错，于是，我又摘了几个，把外面的果肉都吃进嘴里，仔细品味了一下。构树的果子比较甜，甚至有点甜腻腻的感觉，口感有点像桑葚，每个小果棒里也都有颗种子。后来查过书以后，发现构树果然也是桑科的植物。

那天我吃得挺开心，红隼告诉我他小时候也经常摘构树的果子吃。我们又吃了几颗果子以后，发现远处的灰喜鹊也开始啄起构树的小红果子。又过了一会儿，麻雀们也加入了进来。到最后，白头鹎也来凑热闹。后山的构树林里显出一片乐融融的景象，构树果实也许就是这些小鸟的高级点心。而享受美味的同时，这些小鸟也会是构树的"超级播种机"吧。

褐边绿刺蛾幼虫

恼人的毛毛虫

小 鱼 文

后山上生活着很多小恶魔！其中就有洋刺子。说它们是小恶魔，是因为在小时候，有一次我不小心胳膊碰到了一只洋刺子，然后又疼又痒好长时间都好不了。后来红隼又是拿胶布粘，又是拿清水冲，过了好久好久才不疼了。打那以后，我就对它们有了刻骨铭心的记忆——这些小恶魔不好惹。

130

　　洋刺子是刺蛾幼虫的通称。后山上不仅洋刺子不少，而且种类还很繁多。有中间长着"眼睛"的，有背上有一根蓝色条纹的，但最多的还是身体绿色、背面有棕色斑点的那一种。这种特别多，夏天里几乎每一次去后山都能看见。尤其是在夏末秋初，正是它们大爆发的时间。这一次，我来到一片山楂林，看到树上的山楂有点红色了，就想尝一个，刚要伸手，突然发现树枝上爬满了洋刺子！看到它们仨一群五一伙地在树叶上啃食，我心想"还是算了吧"，我可不想一不小心被它们刺到，真要是那样可就得不偿失了。

　　又过了一个多月，我心想着现在树叶都落了，洋刺子也该没有了吧。于是，我又来到那小片山楂林，却发现山楂叶倒是没什么了，可山楂也所剩无几。不知道是被鸟吃了，还是被松鼠吃了？或者是被其他人尝了鲜吧。正扫兴，我突然发现树枝上多了很多白色的"蛋"！这奇怪的蛋有十毫米左右长，白色的表面上还有一些棕色的条纹。这是什么呢？

黄刺蛾　大好／供图

　　思来想去我突然想起来夏末看到的那一群群的洋剌子，难不成这是它们结的茧？可是那时候觉得它们肥肥的样子，足有十五毫米长，而眼前这些微型蛋不过一厘米长，它们是怎么爬进去的呢？左思右想，我记起小时候养蚕的情景，记得那时候一条条又白又肥的蚕宝宝，也是会结成一个不大的茧。仔细想想也对，结成茧的本身不也是蚕的一部分嘛。洋剌子也应该是这样吧，把自己的一部分变成茧，然后蜷缩进一个更小的蛹里面最终变成蛾子。嗯，应该就是这样吧。

褐边绿刺蛾幼虫

黄刺蛾茧

隐秘杀手

红隼 文

　　如果我告诉你，后山是有老鹰的，你会不会有些怀疑？很多人都玩过"老鹰抓小鸡"的游戏，却很少有机会看到真正的老鹰。其实，所谓的老鹰真的就生活在我们身边，后山上就有，我最早一次观察到它们，就在后山的小溪山谷。

雀鹰捕食　大好 / 摄

　　那是一个夏天的清晨，我正在伪装网后面观察小鸟，这样的一个时段，很多小鸟都会来到这里饮水。果然，不一会儿喜鹊、灰喜鹊、珠颈斑鸠、山斑鸠等等很多鸟类先后飞来，落在水边或喝水或洗澡，一时间幽静的山谷好不热闹。突然，小鸟们好像发现了什么，扑啦啦全都飞走了。我正在疑惑，看见一只不大的鸟嗖地"滑"进了山谷，落在小溪边。我定睛一看，一瞬间只觉得小心脏跳得好快——后山居然有老鹰！当时，我对猛禽还不是那么熟悉，也不知道具体是个啥，赶紧按捺住激动的心情，忙不迭地按下快门。回到家里，对照着图鉴，我认出原来这是一只雀鹰。

　　后来慢慢地我了解到，雀鹰是一种专门在森林里捕食鸟类的猛禽，难怪那次它到小溪边喝水，一瞬间就吓跑了所有的小鸟。还有一次，我在昏暗的柏树山岗散步，突然听到山坡下面一群灰喜鹊大声地呱噪，随后一只猛禽嗖的一下从树冠的缝隙中冲了进来，先是沿着林间的小径快速飞行了十几米，而后左突右闪轻巧地绕过密集的树林，扑向一片灌丛。还没等我转过神来，噗的一声那只猛禽已经伸出爪子冲进了灌丛，而那片灌丛好像被丢进了一颗手雷，从里面炸出十几只麻雀，尖叫着四处逃命去了。可惜灌丛实在太过茂密，我没有看清它是否捕猎成功。过了一会儿，我看到那只猛禽重新起飞，离开了树林。直到这时，我才清楚地认出这是一只雀鹰。

　　在后山上看到它们精彩的飞行表演，实在是一件幸运的事情。只是不太知道，它们是生活在这里，还是偶然路过？书上说雀鹰在北京的居留类型很复杂，留鸟、夏候鸟、冬候鸟、旅鸟都有。至于后山嘛，要我说，这里有吃有喝，你们就留下呗。

雀鹰

红色火焰

红 隼 文

爬山虎

　　北京西山的红叶是十分出名的，后山地处西山东麓，自然也少不了会有红叶一景。所不同之处，秋日里，后山依然只属于我和左近的邻居们，鲜有远路来访的游客。秋高气爽中，蓝天、白云、红叶，少了摩肩接踵，宁静自在了许多。

　　后山的红叶没有大公园里的浓密，却比市内公园里面的还要艳丽。其中的秘密就在于这里的昼夜温差较市区公园里大很多，而这正是让树叶变红不可或缺的一个条件。从西五环到后山，直线距离不过几公里，然而晚上平均气温后山却能低上 3 至 5 度。与西山红叶的组成不同，后山是没有许多圆形叶子的黄栌的。我和小鱼曾经"翻箱倒柜"地找了很久，也只找到寥寥几株黄栌。

　　虽然少有西山著名的红叶——黄栌，但后山的秋之火焰绝不单调。这个季节后山的红叶还有很多，比如元宝槭、爬山虎和火炬树，它们的叶子从金黄到深红，丰富多彩，尤其是爬山虎，还会给护坡、高墙披上漂亮秋装，让秋色更加立体和生动。

秋之火焰

　　记得小时候，楼房的立面上是爬满了爬山虎的。夏天里整个楼都是绿色的，一扇扇小窗户，拨开丛丛墨绿色的大叶子，探出头来，看上去就像童话故事里身形巨大又憨态可掬的精灵。而一到秋天，整个楼房就变成红彤彤的一大片，好看极了。然而，如今仅存的几处爬山虎也被从根斩断，用水泥砌上了步道，再也看不见满墙的红叶了。

爬山虎

刀斧精灵

红隼 文

螳螂

　　仲秋，后山终于甩掉了闷热的盖子，树叶还没有来得及褪去一身的绿色，在一阵阵微风中舒展着清爽的身姿。这天，我和小鱼趁着这难得天气，跑上后山，去寻找秋天的秘密。山上的树差不多还像夏天里的样子，灌丛依然茂盛，构树已经长出了果子，池塘里的睡莲开着白色的花。

　　我们走到后山的小溪边，在一片灌丛下停住，这里是后山上虫子最丰富的地方之一，在这样的日子里，一定会有些有趣的发现。才停下来不久，我们就看到不远处有片细细长长的"柳叶"在晃动，"小鱼"，我低声叫了一声，一努嘴示意他那一片有东西。小鱼马上心领神会，凑了过去。只见那片"叶子"微微地动了一下，我再仔细看，发现叶子的四周伸出四条细细的腿，前面还高举着两把"大刀"。原来，这根本不是一片叶子，而是一只碧绿的螳螂。小鱼蹲下来开始拍摄，我也靠过去看个仔细。

　　这是一只雌性的中华大刀螳，显然已经完成了交配，肚子明显地鼓了起来，应该是在为产卵做着最后的营养补充。记得小时候，有一部风靡一时的动画片，里面有一集讲的就是"吃新郎的螳螂"。那会我每次看到这集都觉得特别难过，不能体会其中的道理，甚至怀疑这是不是真的。如今当然相信了这个悲伤故事的科学性，也更多地体会了"身为人父"一词背后的含义。回想起来，《黑猫警长》还真是一部兼具科学精神、人文精神的绝佳作品，只可惜……

螳螂

　　扯得有点远了，中华大刀螳是后山上比较常见的昆虫，后山上还生活着广斧螳、棕静螳、薄翅螳等几种螳螂，它们都是螳螂目昆虫。这些或小或大的昆虫都长着巨大的捕虫足，从卵鞘里一孵化出来，就是天生的杀手，从小就靠捕食其他昆虫和小动物生存，可称得上是凶猛的带刀武士。

　　哦，对了，后山上可不光只有螳螂"带刀上阵"，还生活着很多其他小虫，由于趋同进化的原因，也是一副我自横刀向天笑的豪迈。它们是谁？有机会也和我们去后山上一探究竟吧。

螳螂的卵鞘　　　　中华大刀螳　　　　棕静螳

枯树上的菌类

枯木逢春

红隼 文

　　初秋，又一场豪雨终于冲刷掉了粘在空气里数月的闷热。我连忙拽上小鱼，趁着这难得的一丝清爽奔向后山。入夏以后，已经有些时候没有来山上了，到处都是肆意生长的植物，我们来到制高点下面的密林，杂草几乎淹没了本来就不那么明显的小径。我俩深一脚浅一脚地试探着往前溜达，不一会儿腿上就沾满了雨水，地上有些泥泞，已经分辨不出哪里是路，哪里不是。算了，索性不找路了，小鱼率先放弃了搜索，直接往树林里走去。

　　"红隼你看！木耳！"小鱼在不远处指着一根树干，兴奋地叫着我。我凑过去，可不，环绕着一棵枯死的老榆树，长了一大片灰褐色的"木耳"。"红隼，这个和咱们吃的木耳是一样的吗？我记得咱们去秦岭的时候就看见家家户户都有木耳架，也长了好多这样的木耳。"到了这时候，鱼同学的问题，很多我都接不住了，尤其是菌类这种我完全不熟悉的类群，我着实没办法就事论事地回答他那么多问题。于是只好耍赖皮般地反问道："植物你不该更了解才对嘛？""可菌类也不是植物啊！"鱼同学果断掐断了我最后一丢丢耍赖的机会。

　　"好吧，菌类我实在是搞不定，咱们回去查查资料试试吧。"说来也怪，缴枪之后我反而轻松了很多。于是，我俩开始一起观察这一树的"木耳"，它们似乎和我们吃的木耳并不一样，短小

毛木耳

很多，上表面有些细细的毛，边缘也不如木耳光滑圆润，有些浅浅的锯齿。而且，它们几乎只长在死去的枝干上面，健康的大树上则完全没有它们的身影。这让我联想起在秦岭深处农户家门口的那些木耳架，那些不也是死去的枝干吗？没有看到谁在一棵健康的大树上"刮"木耳的。这是为什么呢？或许是菌类只能从死亡的生物体上获取能量？想想各种菌子、霉菌乃至冬虫夏草，似乎的确是这样的。但这又是为什么呢？菌类在这些死亡的生命身体里茁壮生长，难道不是这些"死去"生命的延续？这"枯木逢春"的背后，又孕育着怎样的神奇呢……

　　我俩就这样被一个个问题追赶着，任好奇之心在后山上铺陈开去。好像这一丛"木耳"之下，那看不见的，绵延的菌丝。

扁韧革菌

冬藏

啾啾啾啾

小 鱼 文

　　冬日里，我来到最高点下面的一片林子里。林间很多的声音，除了脚踩在树叶上的咔咔声外，还有各种鸟鸣。一片柏树丛中传出来灰喜鹊"咔咔""啊啊"的叫声；头顶的榆树上几只讨人喜欢的山雀"啾啾"地叫个不停……这时几串奇怪的鸟鸣从远处传来。

　　"啾啾啾啾……"这种鸟叫很特别，是十几个"啾"连在一起，以极快速度一气唱下来。我想了想，印象里后山的鸟好像都不这么叫，这一定是一种我没见过的鸟！想到这儿，我很兴奋，迫不及待地寻着声音找了过去。一直走到叫声最大的地方，我停住脚步，抬头望去。只见前面的榆树上有几只山雀大小的鸟在蹦，会是它们吗？可山雀似乎不该这么叫啊，看来我还没有找到它们，这真是一种善于躲藏、不易被人发现的鸟。

　　回到家，我和红隼仔细地讨论了一番，最后认为这是极北柳莺的叫声。极北柳莺我没见过，不过想想柳莺的个头，没看清楚还真是有可能。下次有机会，带上望远镜好好看清楚吧。可是，后来好几天，我都没在后山上再听到那"啾啾啾啾……"的叫声。我失望极了，难道我再也见不到它们了吗？

沼泽山雀

　　突然有一天，在离制高点不远的大草坪，我正在摆弄我的红外相机，"啾啾啾啾……"！这不是它们吗？！我兴奋极了，立刻跳上石台，登高远望。声音就在远处的树上，我小心地寻了过去。"啾啾啾啾……"那声音越来越近了，直到感觉它就在我的头顶了。我抬起头，看见几只山雀在树上叫着。奇怪，这不是沼泽山雀吗？说好的极北柳莺呢？它们不应该这么叫的啊。可环顾四周，也没看见其他的鸟啊。我心里很疑惑，举起望远镜仔细观察。没错，就是它们在叫。伴着望远镜里这只沼泽山雀的小嘴巴一张一张的，树上就会传出熟悉的"啾啾啾啾……"。这真是奇怪的事情！

　　回到家，我又和红隼讨论起来此事，又翻了一些书。原来，这是沼泽山雀的另一种叫声！有的小鸟不光会鸣叫，还会鸣唱，也就是发出两种完全不一样的叫声。而这个"啾啾啾啾……"正是沼泽山雀的鸣唱。这回，红隼又出错了，而我又学会了一样知识。

烂掉的松果

小 鱼 文

　　大草坪的缓坡上有十几棵白皮松环绕着，这些松树的树皮长着或白或绿或黄的斑块，好像把一条迷彩裤套在了身上。这些树看起来很干净，全年都绿油油的，不像那些油松，虽然也是常绿的树木，但总是看上去有些枯枝，远没有这几棵白皮松长得精神。而且，白皮松的好处还远不止好看，它们还有着一个我特别喜欢的地方，就是它们的松子非常好吃。

松实小卷蛾

　　每到冬天，这些白皮松的下面就会落下不少成熟的松塔，它们大的可以长到接近二十厘米，有一个橙子那么大。我在市场里见过两种松子，其中一种棕色比较圆的松子应该是红松的种子，它们就和白皮松的松子比较相似。每次找到一个松塔，我就会把它摔在地上，或者用脚踩上去搓一搓，松子就会从里面掉出来。捡起这些松子，放到鼻子下面还可以闻到一股松树的清香。这时候，我总忍不住找来块石头敲碎松子壳，品尝美味的松子。这味道绝不亚于市场上买到的红松松子。

　　松子如此好吃，不免会引来后山上的其他动物和我"抢吃的"。后山上的松鼠也是吃松子的高手，它们会抱起松塔，迅速地啃掉种鳞然后吃掉松子，最后只留一下一个松果核气我。

　　有一次，我幸运地抢在松鼠之前发现了一个完整的松塔。可当我脚踩、摔打一通后，却发现没有一颗像样的松子掉出来，反

正在啃食松果的松鼠

被松鼠啃食的松果核

而从里面散落出不少粉末。我仔细看了看这只松塔，它好像已经有点烂掉了，而掉出来的粉末里居然有一些非常非常小的虫子。我心里一凉，"坏了，后山上又多了一种和我抢松子的动物！"后来有一年春天，我在后山上找到一个还算完整的松塔，刚想摔下去却发现里面似乎飞出来了一只虫子。我赶紧追了过去，这只虫子飞了不久就落在了不远的草地上。于是我拿起相机把它拍了下来，这是一只很小的蛾子，当我从相机回放里看清了它的样子时，我惊呆了。这是一只非常漂亮的蛾子，它的翅膀棕底带着白花，头上长满了毛毛，就像一个小毛球。后来回家以后，我查看图鉴，认出这是一只松实小卷蛾，是松林里著名的"害虫"。以前看到被小虫啃食烂掉的松塔就应该是它们的杰作，是它们典型的为害状。

　　看到这只美丽的蛾子，我不禁回想自己对它们的看法，为什么它们吃过之后的松塔被称为"为害状"呢？松子可以被我吃，可以被松鼠吃，那为什么不可以被蛾子吃呢？难道它们不也是后山上的一员吗？我想："算了，以后我还是少吃点后山的松子吧，这些美丽的生命应该更需要它们吧。"

迷你梭镖

红隼 文

婆婆针

隆冬季节，后山上万物凋零，千万不要觉得这是个无趣的季节，这可是一探后山树林深处最好的季节。这天，我和小鱼穿好羽绒服，戴好帽子手套，朝着瞭望塔东侧一片树林走去。这里灌丛茂密，其他季节里几乎看不到地面，很难找出一条路来，而冬天里是探索这里最好的机会。

　　我们一前一后蹚开齐腰的灌丛和杂草，走进"密林"深处。"你看，这是什么？"听到小鱼叫我，我随声望过去，只见地上出现了一片散落的黄绿色小圆圈。每颗直径大概有一厘米，椭圆形，表面挺光滑。"我猜这应该是野兔的粪便吧。"我一面说着，一面走了过去。可还没走到小鱼跟前，他却抬起头看着我"咯咯"地笑了起来："你快看看吧，你快成刺猬了！"我低下头，原来此时裤子上、棉衣上、手套上已经扎满了鬼针。"哈哈，别笑我，你以为你身上没有吗？"我一边摘着身上的鬼针种子，一边指着小鱼，也笑了起来。

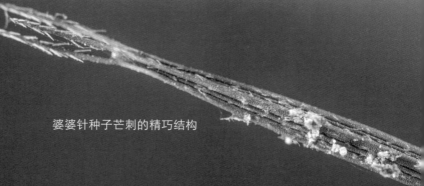

婆婆针种子芒刺的精巧结构

于是，两只"刺猬"在后山上笑成了一团。后山上的鬼针其实还有好几种，比较多的应该叫婆婆针。这回挂在我们身上的正是这种植物，我俩借着这个机会好好观察了一次这些有趣的种子。婆婆针是菊科的植物，长着黄色的头状花序，有时候会在花絮基部长出几片黄色的舌状花瓣。到了秋天这些花便会结出果实，每一颗果实都是瘦条形的，顶部会长出一些芒状的小刺，可以挂在织物上，就像一个个迷你的梭镖。记得小时候，每到秋天我们就会和小伙伴们揪下婆婆针没有完全成熟的果实，互相追着撒到别人的身上，这些小梭镖就是秋天里我们最喜欢的玩具之一。

而到了冬天，这些植物的茎叶会逐渐枯萎，而小梭镖也会干燥炸开，成为一大丛超级迷你版的梭镖，伸展开来，等待着动物们将它们带走，播撒到更远的地方，落地生根。仔细观察这些种子顶端的芒刺就会发现，其结构非常精致，每颗种子的顶端会长出三根独立的尖刺，而这三根尖刺的表面还会长出四到五组倾斜向后的倒刺，可以想象这些更小的梭镖一旦插入织物或者动物的皮毛，一定会牢牢地挂住，直到断掉后把种子抛下，完成最终的"播种"工作。

看着地上被我俩摘下的一地不知道从何而来的小梭镖，又看了看地上那一大片野兔的粪便，也许明年的春天，这里和更远的地方，又会长出更多的"迷你梭镖"了吧。

毛毛狗

红隼 文

狗尾草

狗尾草

狗尾草恐怕是我们最熟悉的"荒草"，印象里到处都是"毛毛狗"的样子。可如今，就连狗尾草似乎也不那么常见了。

这些年，后山上绿化得越来越漂亮，可在我看来却少了几分野趣。记得小时候，我们经常薅毛毛狗来扎兔子。取两根长长的做耳朵，再揪下几根一层层绕在草秆上做身子，一只小兔子就出现了。心灵手巧的还能扎出兔子的脸、腿和尾巴，毛茸茸的非常可爱。那时候的孩子们经常抓着毛兔子，跑来跑去地玩儿。如今的后山，更多土地上被种植了园艺草种，毛毛狗倒变得不那么多见了。

要说这狗尾草之于人类绝不仅仅是随手找到的玩具，它还供养了亿万的人类，可以说没有狗尾草，就没有我们人类的今天。

狗尾草是禾本科的常见植物，而这个巨大的植物类群有着一个普遍的特征，就是它们的种子虽然都比较小，但数量非常大，而且富含淀粉等营养物质。我们吃的粟（小米）、稻（大米）、小麦、青稞、玉米、高粱，无一例外都是禾本科的植物。有研究表明，我们中国人最早驯化的粮食作物粟，就是源于狗尾草。

出于好奇，我曾经试着数过一棵狗尾草上能长出多少粒种子，经过"严谨"的统计，每一株狗尾草大约可以结出 50~70 粒种子，而在后山最茂盛的地方，它们的密度也不过 33 株 / 平方米。这也就是说每一粒种子发芽的机会不会大于千分之七，其余的更多种子或成了麻雀和其他小鸟们的食物，或喂养了某些虫子，或者终究尘归于尘，却也没有一丝沮丧。人工的草坪也许会显得有序和整洁，但更多的"荒草"却可以让更多的生命得以生息。我们人类，也是其中一员。

我们吃的小米就是驯化的狗尾草　武其 / 摄

奇怪的洞

红 隼 文

进入一月，天气变得越来越冷，后山上的树叶早已落尽，北风也撕去了最后的假面，开始毫不留情地肆虐整个树林。这个周六的清晨，忙碌了一周的我实在是舍不得这温暖的被窝。几次动

奇怪的洞洞

员无效之后，鱼同学只好自己顶着北风出了门，探索冬日里的后山去了。

可回笼觉还没睡着，只听房门咣当一响，小鱼气喘吁吁地闯了进来——"赶紧起床，我在山楂林看到了个奇怪的洞洞！"这回，不容我再狡辩，睡眼惺忪的我就被拽到了寒风中。忙不迭地跑上山，冬季的山楂林一片萧瑟，密不透风的枝叶荡然无存。很快，我们就发现了小鱼所说的神秘的洞。

这个洞有二十来厘米宽，十几厘米高。朝洞口望进去，里面黑洞洞的，用手电照了照，里面大约会比一个小臂还深。很显然，这是某种动物干的。可会是什么呢？我们又仔细看了看洞里，并没有什么动物在。这么大的空间，应该不会是只太小的动物。主人不在家，我俩也只好在周围找找有什么蛛丝马迹。转了一圈，只找到了几颗被啃食了的干巴巴的山楂。从痕迹上看，啃的粗枝大叶的，应该不会是老鼠这类的动物。也许是兔子？松鼠？可这些动物当真会挖出这么大个洞？这不科学啊！

为了一探奇怪洞洞的奥秘，我和小鱼一起在洞边的树干上安装了红外触发相机。一周之后，当我们再次顶着寒风，用已经快冻木了的手打开相机，回放影像时，我俩不约而同兴奋地跳了起来——獾！居然是獾！后山居然还有这么大的野生哺乳动物！而且在这么寒冷的季节，这只狗獾居然没有冬眠，不知道是因为受到了打扰还是其他什么状况，它居然以这种方式出现在我们的视野里。

第一次与獾獾同学"相遇"　　　　夏日里再次遇到獾獾同学

　　随后的一段时间里我们没有拆除相机，而是继续记录着这只獾的行踪。我们发现，在冬天里，它并不那么活跃，只是偶尔在午夜到凌晨的一两个小时里出来溜达上一圈。而在寒冬里，也在同样的位置，我们还发现了更多流浪狗活动的情况。我想，也许就是这些流浪狗搅了这只狗獾的好梦吧。好在看上去它还挺胖的，似乎过得还算不错，但愿它能撑过这个冬天。

　　后记：我们观察这只狗獾一直到春暖花开，发现它终于熬过了寒冬，随着万物复苏活动也开始多了起来，看来獾獾同学与这群流浪狗还算相安无事，我们也终于放下了这颗悬着的心。

驴粪蛋

小鱼 文

棕头鸦雀

初冬，我和红隼在水池边的栈道上散步。正走着，我听到一旁的草丛中一阵骚动，有拨动枯草的声音。我停下脚步，注视那一片枯草，由于有叶子的遮挡，只能看到一些小黑影在窜来跳去，看上去似乎是一种小鸟。

突然，有一只小鸟从哪里窜了出来，落在水塘一枝枯黄的莲蓬上，然后似乎在啃食莲蓬里的什么。这是一只棕色的小鸟，圆丢丢的，但尾巴很长。我不认识，于是就问红隼："这是什么鸟？""驴粪蛋。"红隼随口飘出这么一句。"驴粪蛋？这是啥鸟？真的叫这名？"红隼笑了："当然不是，驴粪蛋只是俗名，这个叫棕头鸦雀，只是它圆溜溜的样子太像驴粪蛋了。"听红隼说着，想着在内蒙古见到的驴马的粪堆……"哈哈，还真是呢"说着想着，我也笑出了声。

棕头鸦雀

　　大概一个月以后，我又到后山的大草坪后面玩，要回家的时候，听到路边树林里发出一阵杂乱的沙沙声。这声音由远及近，在寂静的后山，这声音显得越来越大，后来简直变成了哗啦哗啦的噪声。我起初以为是一大群麻雀，可过了一会儿，这个声音里又掺入了很多"叽叽叽叽"的鸟叫声，这显然不是麻雀发出来的。于是我停下来，坐在路边努力往树丛里张望，不一会竟然从里面蹦蹦跳跳地出来了一大群的"驴粪蛋"！

　　我大概数了数，这一大群足有百十只的棕头鸦雀。原来是它们在成群结队地啃食着草秆，叫着闹着找吃的。这次偶遇，让我近距离地看爽了这种小鸟，我发现它们原来如此呆萌——圆圆的脑袋上长了一个小巧的嘴巴，眼睛圆圆的像个小黑豆镶嵌在脸上，一副呆呆的表情。我想，"驴粪蛋"这个名字也许能形容它的体型，但如果让我给它起名字，我一定会叫它"呆萌小可爱"吧。

棕头鸦雀

流浪地球的喵星人

红隼 文

猫，几乎是人见人爱的动物，很难有谁不对一只喵喵叫的猫咪产生怜爱之心。

有研究表明，家猫起源于非洲野猫，和人类相处已经有五千多年了。说来久远，但比较起一些我们熟悉的驯化动物，猫的驯化时间却非常短暂。比如人类驯化牛超过了一万年，而驯化狗的历史更是可以追溯到大约三万年前的旧石器时代。这么看来，猫又是我们人类年轻的伙伴。

很多不养宠物的人会怕狗，但对猫都喜爱有加。可猫似乎又是一种"野性难消"的动物，经常时不时就要"离家出走"一段时间，甚至很容易就约上哪个"姑娘"私奔了。不是有那么句话嘛——"狗比猫忠诚"。其实这个还真有点儿冤枉猫了，造成大多数狗比猫忠诚的原因，其实只是这两种动物祖先的生活习性不同罢了。狗的社会性更强，对"首领"的信任和依靠也更强，而在长期的驯化选择过程中，这样的行为也被人类加强了。而猫科动物中的大多数，原本就是独居动物，自己独来独往惯了，自然也就不那么依靠"主人"。

不知从什么时候开始，我发现后山的流浪猫开始多了起来，这着实让我有点紧张。因为有研究发现，猫是少数几种不需要野化训练就可以适应自然环境、掌握捕猎技能的动物。而我也在后山上发现过流浪猫捕食野鸟的情形。而更加令我不安的是，我发现有"爱心人士"开始在后山搭建猫窝，喂食流浪猫。也许有人会说，如果不喂食，它们不是更会猎捕野鸟了吗？有人喂，它们不就可以放过野鸟了？殊不知，如果这些流浪动物不进行绝育，丰富的食物来源只会增加它们的繁殖数量和繁殖成功率。新生出来的个体会更广泛地扩散到环境当中。这越来越大的种群数量无疑会给环境带来更大的压力。比如，据我观察，这些流浪猫在后山的环境中没有天敌，唯一可以捕杀它们的是流浪狗，而流浪狗也会带来同样的问题。这样一来，这些流浪动物的数量就不能得到有效的控制。原本可以依靠食物丰缺控制的情形，也会因为人类的投喂而不再发挥作用。在后山这样的浅山环境中，原本的生态位应该由豹猫占据，但由于流浪动物的存在，豹猫的种间竞争压力增大，只好退缩到更深的山区。这样周而复始，就会造成原生环境的不断恶化。

看似温驯可爱的猫，对于鸟类和其他很多小动物却是无情的杀手

　　所以，如果你真的喜爱你的猫咪，请对它们负责，不要遗弃它们，让它们成为流浪动物。如果你真的可怜这些流浪动物，请将它们带回家饲养，至少为它们进行绝育。毕竟，它们是因为我们人类的遗弃才流浪地球的，而这个地球上不只是它们和我们的家园。我们不抛弃可爱的猫咪，同样更不该放弃大自然里更多的生命。

家猫

大红灯笼

红隼 文

　　后山上有一片柿子林，数量不多，二三十棵的样子。不同于陕西著名的灯笼柿子，北京的柿子主要是又扁又大的"磨盘柿子"，尤以西北部浅山区种植的为佳。后山的柿子便是这个品种。柿子种子不能直接拿来栽种，它们往往要嫁接在同属的君迁子（也就是黑枣）的树苗上才能长大、结果。所以有时候还会在吃柿子的时候吃出半圆形扁扁的黑枣籽，挺好玩儿的。

　　记得小时候，我家院子里也种着两棵柿子树，秋天里柿子还没有变得很软的时候就摘下来，晒在窗台上眼巴巴等着它一点点变软。直到冬天很冷了，柿子会变得软塌塌的，里面冻出了冰碴，放在碗里用勺挖着吃，凉滋滋的甜糯爽口，好吃极了！那时候，学校门口的小贩也会把几颗晾晒的黑枣包在报纸包里贩卖，五分钱一包。我们有钱了也会买来吃，味道和柿子有点像，只是果肉没有那么多。

　　冬日里的一天，我在后山看鸟，不知不觉转悠到了柿子林。柿树上的叶子已经差不多落尽了，但还有好多的柿子留在够不到的高枝上。红彤彤的柿子映在蓝蓝的天空下，清冷的风吹过，让我突然又想起了那带着冰碴甜滋滋的味道。正想着，树林里一片呱噪，飞来了一群灰喜鹊落在柿树上，啃食起挂在树梢的大柿子。看来，喜欢这香甜滋味的不只我一个。

　　从前就看见过喜鹊、灰喜鹊在数九寒冬啄食柿子，想来在这样一个严冬里，这些柿子一定可以让这些野鸟如获至宝。这一次，我决定多站一会，看看还有哪些鸟类会赶来赴宴。灰喜鹊吃柿子

挺不讲究的，张开大嘴一通撕吧，连皮带肉全部塞进肚子。不一会，
一只绿色的大鸟忽忽悠悠地飞进柿林。灰头绿啄木鸟！定睛一看，
果然一只红头顶的雄鸟落在树上，也加入这饕餮大餐。相比之下，
啄木鸟的吃相斯文了许多，只把嘴伸进柿子里，用舌头舔舐甘甜
的汁液。不一会的工夫，先后又有星头啄木鸟、大斑啄木鸟、红
尾鸫、白头鹎加入进来，一起享用这冬日里难得的美味。

吃柿子的灰头绿啄木鸟

雪后的松林

雪

红 隼 文

今天又又又……下雪了!

北京的冬天已经很多年没有这么频繁地下雪了,早上一觉醒来,拉开窗帘,看到屋外树枝上落了厚厚的一层雪,人一下子兴奋起来!送小鱼上了学,看时间还早,赶紧抓了相机跑上了后山。小路上、水池边、栈道上,已经聚集了很多遛早赏雪的人。大家纷纷举起手机,给自己留下一段美好的记忆。前些年,很多时候都感觉雪在"绕着北京下",想想很是不服气。

　　记得小时候，我家住在后山山坡上的平房里。到了冬天，下了雪，大人和孩子们是要在通往山坡的道路上用铁锹铲出一条路的。要不一定会摔跟头。雪下得大了，都扫清也是来不及的，往往会只清出一窄溜，人可以推着自行车通过就好。其他的地方踩来踩去，踩得实了，便成了我们孩子的乐园。穿着黑条绒面的棉鞋，塑料底冻得硬邦邦的，正好滑冰用。或者干脆撅了菜窖里装橙子的竹筐盖儿，坐在屁股底下就成了最好的冰车。孩子们推推搡搡地在山坡上滑着玩儿，经常是折腾得满头大汗，摔得东倒西歪，乐不思蜀。

　　有了厚厚的雪，院子里自然也会变成我们的游乐场，打雪仗、堆雪人……记得那时候有部动画叫《雪孩子》，说一个可爱的雪人为了救大火中的小白兔，不惜牺牲自己。印象里每每看到雪孩子化成了一滩水，我总会流下伤心的眼泪。如今的孩子们恐怕也没听说过什么"雪孩子"的故事，在我看来动画片却也少了很多该有的味道。

　　小时候，堆了雪人不仅仅是好玩，还有着重要的实用价值。那时候电冰箱还远没有普及，临近春节，家家户户都会存些带鱼、排骨一类的过年。怎么存放呢？我们就会给雪人掏一个洞，把食材统统塞进去，一个绿色纯天然的"雪孩子"牌冰箱就做好了。一家人在大雪纷飞中，品尝着年的味道，享受着自然的恩赐。

　　如今总是说环境变差了、地球变暖了云云，别的也许看不见摸不着，雪下得少了倒是非常直接的体验。

"嗑毛嗑"的黑尾蜡嘴雀

嗑瓜子的啾星人

红隼 文

　　可能是因为老家在东北的原因，从爷爷那儿开始，我家一直很喜欢"嗑毛嗑"（也就是嗑瓜子），家里的茶几上总会有一盘葵花子。以至于从爷爷到我，到姑姑，门牙上都有一个豁口，据说是嗑毛嗑的"硬伤"。

黑尾蜡嘴雀"嗑"剩下的白蜡种皮

　　有一次，我和小鱼在爷爷家嗑瓜子，边嗑边聊些鸟类的话题。我和小鱼说："你知道吗，后山上也有一群'毛嗑发烧友'。""怎么会？后山上也没种着向日葵，怎么会有瓜子？"小鱼一脸狐疑地反问道。"不信过几天我带你去找！"我暗自得意地回答着。

　　几天后的一个周末，我带着鱼同学上了山，走到几棵白蜡树的脚下。我停住了脚步，"你听，这是什么声音？"树上传出了劈里啪啦种皮碎裂的声音，随着声响，天上不时落下些什么。"有鸟！有鸟！"小鱼寻声望去，发出一阵惊呼。只见树叶落尽的白蜡树上，聚集着几十只黄嘴巴的鸟，正在熟练地"嗑"白蜡的种子。只见它们用那厚重的大嘴，轻巧地从一簇簇的种子上薅下一颗，咬住带有种子的末端，"咔咔咔"几下就嗑碎了种皮，舔出种实，然后吐出种皮。这一大群鸟就这样自在地晒着太阳，嗑着"毛嗑"，种皮就像漫天的小伞，旋转着纷纷落下。

黑尾蜡嘴雀

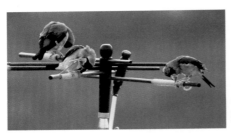

被囚禁的蜡嘴雀

　　"这是什么鸟？我之前怎么没见过？"小鱼兴奋地询问着。"它们是黑尾蜡嘴雀，是后山的冬候鸟，每年的冬天就会飞来越冬。""它们只吃白蜡吗？""据我观察，在后山，它们除了吃白蜡，还会吃五角枫的种子，但基本上只在树上取食，没见过它们下地。你看它们的样子像不像在嗑瓜子？"我俩就这么看着，聊着，笑着，直到这一大群的黑尾蜡嘴雀吃饱喝足，呼啦一下子飞走，消失在树林深处。

　　其实我观察黑尾蜡嘴雀有几年了。到了冬天，我就会期待再次听到那熟悉的噼里啪啦"嗑毛嗑"的声音。它们似乎也并不是非常的稳定，有些年头它们就不会出现。每到冬季我守着一树的白蜡籽却不见它们的身影时，心里就会飘来一丝惆怅。我知道在老北京是有养"梧桐"（黑尾蜡嘴雀或者黑头蜡嘴雀的俗名）和玩"打蛋儿""叼钱"把戏的民俗的。前些年，我还在公园里见过这些人和被它们囚禁的野鸟，心里真不是滋味。

　　我多希望这样的陋习不再有人欣赏，让这些野鸟不再担心被人们捕捉，可以像我们一家一样，一起继续着我们"毛嗑发烧友"的幸福生活。

黄大仙

红隼 文

　　黄鼠狼恐怕是人们最熟悉的兽类动物，很多人从小就听说过"黄鼠狼偷鸡"的传说，可要说亲眼见过它们的人，恐怕并没有那么多。这是因为，和很多兽类相似，黄鼠狼也是喜欢在黑夜里活动的动物。也正因为行踪不定神出鬼没，加上那个黄鼠狼会让人"附体"的神秘传说，让这种有趣的动物蒙上了不少神秘的色彩，甚至被人们称为"黄大仙"，传说中与狐狸（狐仙）、蛇（柳仙）、刺猬（白仙）和老鼠（灰仙）并称"五仙"。

黄鼬

　　传说中的"黄大仙"就是黄鼬。

　　黄鼬是食肉目鼬科鼬属的哺乳动物，其实就生活在我们身边，只是喜欢在夜里活动，不易被人类观察到，而发达的臭腺分泌的腺液可以使人致幻，所以才有了"附体"的传说，和什么神仙更是八竿子打不着的。虽然知道黄鼬是一种亲人的动物，非常喜欢在人们周围活动，但在我家周围却一直没有发现这种有趣动物的身影。这年冬天，一场大雪之后，我和小鱼决定去后山找找动物留下的足迹，希望可以借此找到黄鼬的踪迹。当我们来到大草坪旁边的树林时，一串陌生的脚印吸引了我们。这脚印很小，每只足只有2厘米左右长，可以看出它在雪地里是跨越着前进的。从步幅和足迹的特征看，这显然不会是野兔留下的，在后山除了黄鼬还能是什么动物呢？我们拍了照片，回家以后和资料对比，认定这很可能就是黄鼬留下的足迹。

黄鼬（红外触发相机拍摄）

于是，我们在这处林间的小道旁布置了红外相机，然后就等啊等，盼啊盼。说来也真怪，我们布置了相机以后，这只神秘的"黄大仙"好像人间蒸发了一样，几次查看数据，居然都没有它的影子。直到雪都融化了，有一次我们在回放图片时，忽然在一片棕黄的落叶中发现了一个既陌生又熟悉的身影——"黄鼬！"眼尖的小鱼突然高声地叫了出来！我定睛一看，虽然这只动物跑得很快，相机里只有一个模糊的身影，但棕黄色纤细的身体，加上一条长长的尾巴，没错了，这正是一只黄鼬！哈哈，我们终于"逮到"你了。

在随后的日子里，随着气温越来越高，我们发现黄鼬活动也多了起来，到了夏天，它们隔三差五地就会出现在红外相机的记录中。虽然"大仙"成了相机里的"常客"，但它们依然一副"仙风道骨"，从来没有踏踏实实地被拍清楚过。你看，它又来了……

"黄大仙"也好，"五仙"也罢，在科学面前失去了神秘主义的奇幻色彩。但我常常在想，仙是人想出来的，这五种小仙伴人而居千百年了，这样的传说勾勒出了人们对未知世界的浮想联翩，不也刻画出了人类内心对自然的尊重与敬畏？我愿意继续这样的尊重与敬畏，与"黄大仙"们继续共享这片土地与森林。

马蜂窝

马蜂窝

小　鱼　文

冬天，树叶落尽，万物凋零。一些常被人忽视的"小景"便更容易呈现出来。这一次，我正在树林里的小路上溜达，余光里闪出一个黑乎乎的东西。走近一看，呀！这是一个马蜂窝。

这个马蜂窝有西红柿大小，半圆形的，后面长着一个柄。那个马蜂窝就是靠着这个柄和一根被风挂断的树枝连在了一起。我凑过去仔细看了看这个蜂巢，只见里面有几十个六边形的蜂室，有几个上面盖了一层白色的盖子，大部分已经空空如也。仔细看看那薄薄的盖子，严丝合缝地盖在蜂室上面。看着这样的景象，我猜里面应该还会有一只蜂吧？可在这样的寒冬腊月里，还会有活着的蜂在蜂巢里？难道它们不应该早就离开了吗？满心疑问的我把蜂巢带回了家。

回到家，我用镊子把蜂巢里面的盖子轻轻挑开一个缝，仔细一看，里面有一只大眼睛在瞪着我！吓死我了！我壮着胆子看了半天，这是一个蜂的头，一动不动，好像是死掉了。又看了一会儿，我鼓足勇气把那个盖子全揭了下来，只见里面确实有一只马蜂，蜷缩着应该是死了。我拿起镊子，小心翼翼地把它从巢里拽了出来，放在纸上打量了起来。

只见它的触角交叉着搭在一起，翅膀紧紧地裹着身体，六条腿也蜷缩着贴在身体的两边。它的身体像是穿着黑黄两色的条纹衫，一副马蜂的标准打扮。看到这里，我想起夏天时看到的一种蜂——亚非马蜂。这种马蜂是一种比较常见的蜂，就是长这个样子。难道，这个蜂巢就是它们的？而这只死掉的就是亚非马蜂？

羽化失败死在蜂巢里的亚非马蜂

亚非马蜂成虫

　　可是，好端端的蜂怎么就死掉了呢？带着疑问，我又打开了第二个盖子，把里面的马蜂也揪了出来。我发现这只马蜂身体比例很不协调，腹部长得还没有胸部长，样子怪怪的。看到这儿，我突然明白了：之所以这几只蜂死在了蜂巢里，一定是在羽化的时候出现了什么问题，才没有成功地变成成虫的，真是可怜的虫子。

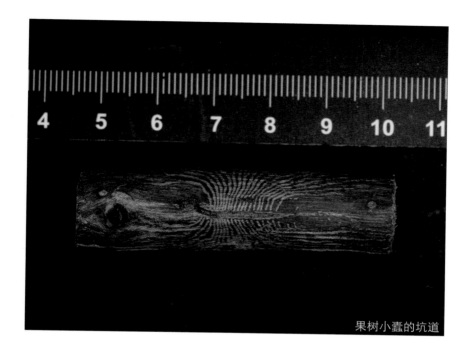

果树小蠹的坑道

神秘纹身

　　一个冬日，我信步走进一片杂木林，因为是初冬，林间的步道上落满了枯叶，走在上面沙沙作响。正走着，我发现前面一棵枯死的树枝上显出很多白色的条纹。于是，我把那段树枝撅下来，拿在手上仔细地看。见那段树枝上的痕迹浅浅的，中间是竖的，两边横着伸出许许多多平行的"枝杈"，好像是树枝上的一小片纹身。

树皮上发现"纹身",这是我以前从没有见过的。我想来想去,它的出现恐怕有这两种可能的原因:自身得了什么病,或者是外界对它造成了什么伤害。虽然,有的树的确会长出些稀奇古怪的东西,但今天这个"纹身"实在是太整齐了,我实在想不出像这样一棵构树会因为什么长成这个样子。

左思右想,觉得还是外部原因更有可能。在这些外部伤害里,想来虫子啃应该是最常见的,看看这些"纹身"实在是太细了,真要是虫子咬的,那一定是一种非常小的虫子。它会是谁呢?它为什么会把树枝咬成这个"纹身"的模样呢?带着一大堆的问题,我回到家里,在红隼的书柜里寻找答案。

小蠹成虫

　　原来，这神秘的纹身是果树小蠹的杰作，是它们的繁殖坑道和幼虫们啃食出来的营养坑道。那一条竖直的纹是成虫嗑出来的，它边嗑边在里面产下虫卵，所以叫做繁殖坑道。虫卵孵化成幼虫后，幼虫就会向两侧横着一路啃食过去，一边吃一边长大，直到变为成虫就会咬破树皮出去寻找配偶开始下一个生命的循环。而在身后树皮里，就会留下这样一个有趣的神秘纹身。

　　可是，这些横向的纹路怎么会如此整齐，这些细小的虫子在漆黑的树里，为什么没有啃穿墙壁，串到兄弟姐妹的坑道里去呢？它们又是怎么做到的呢？我猜它们会听到别的幼虫的位置吧。如果听不出，真的出现"串道"的情况，这样两只虫子会不会因为食物短缺而饿死呢？嗯，可能是这样的吧。所以成虫产卵应该也会非常准确，确保两只幼虫可以沿着足够宽的方向一路啃下去。而幼虫也真是聪明，居然可以保证挖掘坑道的方向。想想这些纹身都是由这些不足五毫米的小虫做出来的，真让我不由得赞叹它们的聪明才智和自然的神奇来。

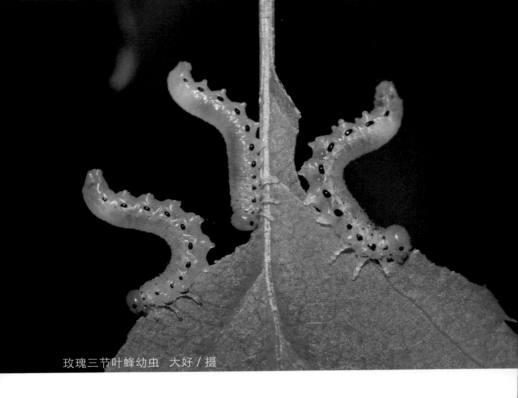
玫瑰三节叶蜂幼虫　大好／摄

光杆玫瑰

小鱼 文

　　秋末冬初，天气已不再那么炎热。可毕竟还没有到落叶的季节，树上的叶子还没有一点要落的迹象。我漫步在水塘边的小路上，欣赏着湖边的蔷薇丛。

　　走着走着，我突然发现前面有几枝蔷薇有点与众不同。它们上面并没有叶子，只是孤零零的几根枝条。我再走近一看，枝条上面还有些叶子，只是叶子只剩下了叶脉和叶柄，其余的都消失

了！仔细观察，残存的一点点叶子上有些小小的凹痕。很显然，这是被虫子啃过的。这是什么虫的餐厅呢？可是找遍这一小片蔷薇丛竟然看不见一只虫子，我很纳闷，虫子都去哪了呢？我俯下身子，翻开一片蔷薇叶子……结果瞬间起了一身鸡皮疙瘩！叶子的背面密密麻麻地爬着几十只肉虫子！

　　虫子是绿绿的，头部棕黑色，稍微有点膨大。它们三一群五一伙地聚在一起，摇头摆尾地从叶子里面开始一起往外吃。看来，这些只剩下"骨架"的叶子就是它们干的。看着看着，我有点奇怪，一般的虫子都会在春天孵化，然后长大变成成虫，而它们现在还是肉虫子，眼看这就要到冬天了，它们不是送死吗？

　　怀着这样的疑问，我继续一边观察一边等待着冬天的到来。可日子一天天过去，它们好像并不着急，每一次看，它们只是吃吃吃！眼看周围树叶都落了，它们还在埋头狂吃。蔷薇的叶子似乎要比左右的落叶树更坚强，我看着它们坚挺的叶子，心想"恐怕这些虫子是想做个饱死鬼，叶子不落就这样吃下去吧"。可是，突然有一天，我再次路过这里，蔷薇的叶子还在，可虫子却一个都没有了。"唉，可怜这些虫子了，它们的妈妈太笨了，非要在这样的时候生下它们，不是送死嘛。"想着想着，我忽然发现叶子下面的土地上有一个虫茧。仔细在周围找找，我又发现了许多一样的茧。哦，原来它们没有死掉，而是选择结茧过冬！好吧，等到来年春暖花开，我再来看你们，到时候这些小肉虫会变成什么样子呢？你们又会是谁呢？

玫瑰三节叶蜂

可恶的刺刺

小鱼 文

酸枣

天气渐凉，山上的树叶逐渐落尽，灌丛里露出一些鲜红的颜色。我知道，又到了吃酸枣的季节了。从前每到这个时候，奶奶就会带我去后山上摘枣子，每次都能摘到一小袋。回到家里，她便会把枣倒在阳台上晒干。到了冬天，我们就会攒上不少的野枣，经过晾晒，枣子会变得甜甜的非常可口，一颗一颗地品尝别有一番乐趣。只不过就是果肉太薄了，吃起来不过瘾。听红隼说，他小时候老家来亲戚会带一种叫做酸枣面的零食，就是用晾干的酸枣果肉，打成粉压制成的，有砖头般大小，可以切成块吃。我想想就很过瘾，可是现在没有这种零食了，真可惜。

这年冬天，我独自到后山的树林里摘酸枣。在瞭望塔北面的山脚下，有一条羊肠小道，路的两边有很多枣树。我老远就看到灌丛间星星点点的红色，于是赶紧跑过去忙碌了起来。可没过多久，我就发现一个问题，就是摘酸枣一定得小心这些枣树上的尖刺。可就是这么念叨着，还是没摘两下，我的手指就被扎破了，真倒霉。

枣树上的螽斯

看着面前这一树的枣子，我实在没法抗拒酸枣的诱惑。于是我只好更小心地摘了起来，这些枣树可真可恶，每摘一颗枣子它们细细的枝条就会在空中晃两下，经常害得我躲避不及，再扎上两下。就这样等我摘了一小口袋枣子，准备回家时，手指和胳膊上已经是伤痕累累。

走在下山的路上，我已经等不得回家再晾晒枣子了，边走边享用着刚才辛苦摘来的胜利成果。边吃边想，这枣树的果子应该是帮助它们传播种子才会长得又红又甜的吧，这样一来动物们吃掉种子就会帮助它们把种子带到其他地方。可回头一想，既然是想让动物们吃掉这些枣子，它们为什么要长出这些可恶的尖刺呢？这不是自相矛盾了吗？动物们不敢过来吃果子，它们可怎么传播呢？又想了很久，我觉得枣长出刺来肯定不是专门来防我的，应该是防止像羊这类食草动物过多地吃掉它们的叶子吧。那如果不是靠这些动物来吃掉果子，枣树会依靠什么动物来传播种子呢？

酸枣

两脚怪

红 隼 文

后山上有种奇怪的动物，它们个子不高，最高的也比柏树矮好多，一年四季会换上不同颜色的毛。它们不像其他动物，不像兔子、獾和松鼠，也不像虫子、小鸟和蛇，它们只用两条腿走路，也不会飞和游泳。不对，有时候它们当中个子更小的也会用四条腿走路。不过，我还是喜欢叫它们两脚怪。

这些两脚怪很喜欢到我家来，无论春夏秋冬，每天从早到晚家里四处都会有它们的身影。它们有的会三五成群地叫嚷着跑来跑去，也有的个子很小，看上去像是幼崽。它们更喜欢到处翻弄，一会儿看看这，一会儿捅捅那。一会儿捡起个松塔，一会儿捞只蝌蚪……哦对了，说起来我家本来没有水池的，后来一大群两脚

童年的小鱼

怪骑着更大的怪物来挖了一阵，我家就有了水池，也才有了蝌蚪，有了小鱼、青蛙、田螺等等更多的动物，两脚怪也越来越多地出现在了这里。

这些两脚怪挺奇怪的，每只脾气似乎都不太一样，它们有的对我很好，每次来都不会留下乱七八糟的东西，也会小心地对待家里所有的朋友。但有的却很讨厌，每次来的时候都丢下一堆堆难看的东西，把我家里搞得一团糟。还有的更坏，居然用不知道叫啥的一种东西去打小鸟，还用"细藤子"编成的套子去抓兔子！

有一次，我实在看不下去了，就跑过去质问它们，可它们却不以为然，居然反问我："这里本来就是我们人类造的，我怎么就不能这样？"原来，你们这种两脚怪自称人类！你们说这样的话简直是大言不惭！你们怎么好意思说这里是"你们造的"？你知道吗，我家里随便哪一块石头，它们几亿年前就已经出现在这里。你们打的鸟，你们抓的兔子，早在你们还没有出现之前就已经生活在这里，这些树、这些草，也是世世代代在这里繁衍，就连草丛下面的蚂蚁、蟑螂也要早你们亿万年出现在了这片土地之上，你们如果还不知道收敛，一定会自取灭亡！

"啊！"我从噩梦中惊醒，满头大汗……

我做了一个梦，梦到后山在向我诉说，聊她的奇遇，讲她有趣的故事，也在质问我的所作所为。是啊，后山，带给我无数快乐和喜悦的你，陪伴了小鱼美好童年时光的你。倾听了你无言的诉说，我可以为你，做些什么呢……

图书在版编目（CIP）数据

后山 ／ 张鹏，张睿麟著 . —— 北京 ：中国林业出版社，2021.6
ISBN 978-7-5219-1149-7

Ⅰ . ①后… Ⅱ . ①张… ②张… Ⅲ . ①自然科学－儿童读物 Ⅳ . ① N49

中国版本图书馆 CIP 数据核字（2021）第 085338 号

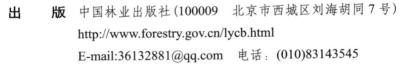

出	版	中国林业出版社(100009　北京市西城区刘海胡同 7 号)
		http://www.forestry.gov.cn/lycb.html
		E-mail:36132881@qq.com　电话：(010)83143545
发	行	中国林业出版社
印	刷	北京中科印刷有限公司
版	次	2021 年 6 月第 1 版
印	次	2021 年 6 月第 1 次
开	本	880mm×1230mm　1/32
印	张	6.5
字	数	128 千字
定	价	60.00 元